U0242112

碳中和
可持续时尚在中国

赵洪珊 ◎ 著

中国纺织出版社有限公司

内 容 提 要

在国家双碳战略背景下，时尚产业要以新发展理念为引领，立足中国实际，美化人民生活，以科技创新为驱动，降低能源消耗和碳排放，逐步实现碳中和的目标。本书从产品生命周期的分析框架出发，对时尚产品设计、生产、消费、物流及废弃回收环节的可持续行动进行系统分析，以此为基础构建时尚产品生命周期可持续的指标体系，最后论述了时尚产业实行碳排放核算、使用碳标签、实现碳中和将成为未来的主流趋势。

图书在版编目（CIP）数据

碳中和可持续时尚在中国 / 赵洪珊著. -- 北京：中国纺织出版社有限公司，2024.11. --ISBN 978-7-5229-1661-3

Ⅰ. X511；TB472

中国国家版本馆CIP数据核字第2024KC8022号

责任编辑：段子君　责任校对：高 涵　责任印制：储志伟

中国纺织出版社有限公司出版发行

地址：北京市朝阳区百子湾东里 A407 号楼　邮政编码：100124

销售电话：010—67004422　传真：010—87155801

http://www.c-textilep.com

中国纺织出版社天猫旗舰店

官方微博 http://weibo.com/2119887771

北京虎彩文化传播有限公司印刷　各地新华书店经销

2024 年 11 月第 1 版第 1 次印刷

开本：710×1000　1/16　印张：15.5

字数：186 千字　定价：99.00 元

凡购本书，如有缺页、倒页、脱页，由本社图书营销中心调换

前言

当今世界正处于百年未有之大变局，气候变化也以前所未有的速度和幅度影响着人类的生存与发展。携手面对挑战，守护人类共同的家园——地球，实现社会、经济和环境的协调发展已经成为各国政府及民间的共识。2015年联合国提出可持续发展目标，以综合方式彻底解决社会、经济和环境三个维度的发展问题，世界各国共同描绘了迈向一个更好、更可持续的未来的发展蓝图。但是，可持续发展目标的实现并非易事，当前，部分发展中国家缺乏落实可持续发展目标的经济、技术和人力资源。此外，气候变化、环境污染、自然灾害等全球性挑战也对可持续发展构成了威胁，粮食、能源等大宗商品价格上涨、本币贬值、关键产业停滞以及债务水平过高等因素使一些刚刚脱贫的最不发达国家再次迅速返贫。

实现可持续发展目标是每一个地球公民的责任。时尚产业作为全球经济的重要组成部分，一直以来都以其高消耗、高排放、快节奏的特点而著称。每年，数以亿计的衣物被生产出来，但同样也有大量的衣物被丢弃，成为环境的沉重负担。在国家双碳战略背景下，时尚产业要以新发展理念为引领，立足中国实际，美化人民生活，以科技创新为驱动，降低能源消耗和碳排放，逐步实现碳中和的目标。目前，国家提出"发展新质生产力是推动高质量发展的内在要求和重要着力点"。建设时尚产业现代化产业体系，发展新质生产力，推进新型工业化，成为行业的首要任务。发展以低碳、资源效率高和社会包容性强为特征的绿色生产力，以绿色产品、绿色业态和绿色价值构筑产业持续竞争力与未来话语权。作为一个高度全球化的产业，时尚行业实现可持续发展需要处于全球产业链条上所有企业的共同努力，需要将可持续发展行动深入产业链条的各个环节。为此，本书从产品生命周期的分析框架出发，对时尚产品设计、生产、消费、物流及最终废弃回收环节的可持续行动进行系统分析，以此为基础构建时尚产品生命周期可持续的指标体系，并以著名时尚企业 C&A 为例进行了案例分析，最后论述了时尚产业实行碳排放核算、使用碳标签实现碳中和将成为未来的主流趋势。

可持续发展是当今时尚行业面临的最大挑战。可持续时尚不仅是时尚产品生产与消费的绿色化、低碳化以及公平贸易，更应该是整个时尚体系对经济、社会、文化、生态系统的可持续的发展和推动。可持续时尚不是一个口号，而是一个人人都身处其中，可参与、可践行的生产与生活方式。希望本书对可持续时尚的讨论有助于读者理解和践行可持续时尚的生产和生活方式。

本书由北京服装学院赵洪珊教授主编，C&A 可持续时尚研究中心资助并共同完成。本书的编写团队成员郝淑丽老师、杨楠楠老师、李敏老师、索珊老师、江影老师、常静老师和王换杰同学长期从事时尚品牌、低碳经济及纺织服装可持续发展等领域的研究，对可持续时尚发展有较高的研究造诣。

本书基于可持续发展的基础理论，对可持续时尚的研究还在进一步探索中，难免有不足之处，敬请读者批评指正。

编委会

2024 年 5 月

目 录

第四章 可持续消费

第五章 可持续物流

第六章 纺织品服装废弃环节可持续

第七章 可持续时尚评价指标体系

第八章 C&A 可持续发展案例分析

第九章 我国服装企业碳排放

第一章
可持续时尚概述

第一节 可持续发展概述

一、可持续发展的内涵

可持续发展是科学发展观的基本要求之一，是关于自然、科学技术、经济、社会协调发展的理论和战略。最早出现于 1980 年世界自然保护联盟的《世界自然资源保护大纲》："必须研究自然的、社会的、生态的、经济的以及利用自然资源过程中的基本关系，以确保全球的可持续发展。"近年来在世界各国的共同努力下，可持续发展的内涵愈加完整（表 1-1）。

表 1-1　可持续发展内涵的演变

年份	机构	报告	可持续发展的内涵
1980	世界自然保护联盟	《世界自然资源保护大纲》	必须研究自然的、社会的、生态的、经济的以及利用自然资源过程中的基本关系，以确保全球的可持续发展
1987	世界环境与发展委员会	《我们共同的未来》	既能满足当代人的需要，又不对后代人满足其需要的能力构成危害的发展
1989	联合国环境发展会议	《关于可持续发展的声明》	走向国家和国际平等；要有一种支援性的国际经济环境；维护、合理使用并提高自然资源基础；在发展计划和政策中纳入对环境的关注和考虑
1991	世界自然保护联盟、联合国环境规划署、世界野生生物基金会	《保护地球——可持续生存战略》	可持续发展是不超越环境，系统更新能力的发展

可持续发展是既满足当代人的需求，又不对后代满足其需求的能力构成危害的发展。它是一个密不可分的系统，既要达到发展经济的目的，又要保护好人类赖以生存的大气、淡水、海洋、土地和森林等自然资源和

环境，使子孙后代能够永续发展和安居乐业。可持续发展与环境保护既有联系，又不等同。环境保护是可持续发展的重要方面。可持续发展的核心是发展，但要求在严格控制人口、提高人口素质和保护环境、资源永续利用的前提下进行经济和社会的发展。发展是可持续发展的前提；人是可持续发展的中心体；可持续长久的发展才是真正的发展，使子孙后代能够永续发展和安居乐业。

1. 可持续发展坚持以人为本

发展是满足人类物质需要和精神需要的必由之路，满足全体人民的基本需要、向全体人民提供实现美好生活愿望的机会及可持续发展的基本目标。《人类环境宣言》指出："世间一切事物中，人是第一可宝贵的。"《环境与发展宣言》也指出："人类处于普受关注的可持续发展问题的中心。"坚持以人为本，就是要以实现人的全面发展为目标，从人民群众的根本利益出发谋发展、促发展，不断满足人民群众日益增长的物质文化需要，切实保障人民群众的经济、政治和文化权益，让发展的成果惠及全体人民。可持续发展，就是要促进人与自然的和谐，实现经济发展和人口、资源、环境相协调，坚持走生产发展、生活富裕、生态良好的文明发展道路，保证一代接一代地永续发展。

2. 可持续发展坚持科技发展

科技进步对于提高资源利用率、降低资源消耗、减少环境污染具有重要作用。科技就是要在开发利用自然中实现人与自然的和谐相处，实现经济社会的可持续发展。20 世纪 70 年代，围绕着"环境危机""石油危机"和罗马俱乐部发表的《增长的极限》，全球曾经爆发了关于"停止增长还是继续发展"的争论。联合国指定的世界环境与发展委员会经过长期研究，于 1987 年发布了长篇报告《我们共同的未来》，首次提出了"可持续发展"的定义："既满足当代人的需求，又不危及后代人满足其需求的发展。"我国党和政府不仅充分认识到可持续发展问题的艰巨性、紧迫性和长期性，而且作出了不懈努力。坚持科学发展观的可持续发展，涵盖了经济发展与社会发展、经济发展与人的发展、经济发展与政治发展、经济发展与文化发展、经济发展与自然的发展、人与自然和谐等多重关系，构成了一个新型的综合发展理念。

3. 可持续发展坚持面向全球

推动全球可持续发展必须构建新型可持续发展全球伙伴关系。联合国在2015年第七十届会议上通过文件《变革我们的世界——2030年可持续发展议程》，其包含17个相互关联的可持续发展目标，描绘出一幅彻底消除贫困、为所有人构建尊严生活的全球可持续发展美好前景。这是一个具有划时代意义的重要成果，也将为未来15年各国发展和国际合作指明方向。2030年可持续发展议程的达成，说明联合国在促进国际发展合作、凝聚全球政治共识方面发挥着不可替代的重要作用。但是，各国在可持续发展的许多问题上仍存在不同立场和利益分歧。今后，应调动国际组织、各国政府和民间组织等各方力量，形成新型可持续发展全球伙伴关系，以确保可持续发展目标的有效实施。

二、可持续发展思想形成的背景

自20世纪60年代以来，人类已经明显感受到许多威胁其生存和发展的世界性危机。如何化解危机，走出困境，寻找一条人类社会与地球系统协同进化的永恒发展道路，一直是摆在世界人们面前的一项紧迫任务。化解危机，走出困境，走向未来，这是可持续发展思想形成的全球背景。

1. 资源枯竭

工业文明依赖的主要是非再生资源（如金属矿、煤、石油、天然气等）。据估计，地球上（已探明的）矿物资源储量，长则还可使用一二百年，少则几十年。水资源匮乏也已十分严重。地球上 97.5% 的水是咸水，只有 2.5% 的水是可直接利用的淡水，而且这些水的分布极不均匀。发展中国家大多是缺水国家，我国 70% 以上城市日缺水 1000 多万吨，约有三亿亩耕地遭受干旱威胁，由于常年使用地下水，造成水位每年下降 2 米。

2020 年 11 月，联合国粮农组织发布《2020 年粮食及农业状况》报告，聚焦全球水资源短缺挑战，关注提升用水效率、生产率和可持续性。灌溉农业占全球总用水量的 70% 以上，农业离不开水，人类生计和文明的延续更离不开水。报告显示，当前全球 32 亿人口面临水资源短缺问题，约有 12 亿人生活在严重缺水和水资源短缺的农业地区。受人口增长、污染及气候变化等因素影响，全球水资源短缺压力不断增大。据统计，过去 20 年间，全球人均淡水供给量减少 20% 以上。面对水资源短缺的挑战，不少国家都进行了改善水资源管理的成功实践。提高水资源综合管理策略和技术，成为解决水资源危机的重中之重。

我国是世界水资源贫乏国家，人均水资源仅为世界平均水平的四分之一。2018 年我国水资源总量为 27462.5 亿 m³，水资源总量比 2017 年同期减少 4.5%（图 1-1）。其中，2018 年我国地表水资源量 26323.2 亿 m³，地下水资源量 8246.5 亿 m³，地下水与地表水资源不重复量为 1139.3 亿 m³。国内水资源日益匮乏，随之而来的还有各种城市内涝灾害及环保问题等，对水处理行业提出巨大的挑战。传统单一的水处理解决方案已难以满足水处理市场的需求，随着更多环保政策的出台，企业需关注自身的业务定位，把战略目光放到水环境的综合整治、提供水处理及资源化整体解决方案上来。目前，新型水处理在我国应用前景较为广阔，部分关系国计民生的能源战略型企业，如煤化工行业、石油化工行业等纷纷加入新型水处理行列。

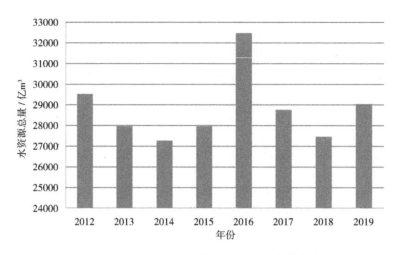

图 1-1　2012—2019 年我国水资源总量数据表

资料来源：国家统计局。

　　除了水资源，土地资源也是人类赖以生存和发展的物质基础。我国可利用土地资源的人均占有量很低，人均资源的数量和质量持续下降。近年来，随着工业化和城市发展、人口增长，土地资源日渐短缺。全球 50 亿 hm² 可耕地中，已经有 84% 的草场、59% 的旱土和 31% 的水浇地明显贫瘠。目前，全球水土流失面积达陆地总面积的 30%，每年流失有生产力的表土 250 亿 t。

　　2. 土地沙化日益严重

　　"沙"字结构即"少水"之意。水是生命存在的条件，人体 70% 由水构成。沙漠即意味着死亡。由于森林被大量砍伐，草场遭到严重破坏，世界沙漠和沙漠化面积已达 4700 多万 km²，占陆地面积的 30%，而且以每年 6 万 km² 的速度扩大着。随着森林的砍伐和草原的退化，土地沙漠化和土壤侵蚀将日益严重。据联合国粮食及农业组织估计，全球 30%~80% 的灌溉土地不同程度地受到盐碱化和水涝灾害的危害，由于侵蚀而流失的土壤每年高达 240 亿 t，而在自然力的作用下，形成 1cm 厚的土壤需要

100~400 年，因而，土壤侵蚀是一场无声无息的生态灾难。"荒漠化"是法国植物和生态学家 A. 奥布雷维莱针对非洲热带草原退化为类似荒漠的环境变化现象，于 1949 年首次提出。据联合国环境规划署 1992 年的现状推断，全球 2/3 的国家和地区、世界陆地面积的 1/3 受到荒漠化的危害，约 1/5 的世界人口受到直接影响，每年有 5000 万 ~7000 万 km² 的耕地被沙化，其中 2100 万 km² 完全丧失生产能力，经济损失高达 423 亿美元。

3. 环境污染日益严重

环境污染包括大气污染、水污染、噪声污染、固体污染、农药污染、核污染等。由于工业化大量燃烧煤、石油，再加上森林大量减少，二氧化碳大量增加，因而造成了温室效应，其后果就是气候反常，影响工农业生产和人类生活，环境污染成为全球性问题。工业革命以后，特别是 20 世纪中叶的第二次世界大战以后，全球环境问题严重，最初主要是环境污染问题。20 世纪 70 年代，环境污染问题愈加凸显。据统计，到 2000 年，环境污染已经使地球温度上升 2.7~8.1 ℃。由于氟利昂作为制冷剂的大量使用，使南极臭氧空洞不断扩大。据估计，南极春天臭氧层比 15 年前已变薄 50%。

根据 2019 年《BP 世界能源统计评论》，自《京都议定书》签订以来，全球年度二氧化碳排放量增加了 20%。自 2005 年以来，亚太地区的二氧化碳排放量增加了 50%，而美国和欧盟的排放量则在下降（表 1-2）。煤炭消费量的巨大变化是上述大多数国家二氧化碳排放量变化的主要推动力。中国和印度大大增加了煤炭的使用量，而美国和德国的煤炭消耗量则急剧下降。

表 1-2　世界主要国家二氧化碳排放情况

国家	二氧化碳排放量 / 百万 t	世界份额 /%
中国	9.43	27.8

续表

国家	二氧化碳排放量 / 百万 t	世界份额 /%
美国	5.15	15.2
印度	2.48	7.3
俄罗斯	1.55	4.6
日本	1.15	3.4
德国	0.73	2.1
韩国	0.70	2.1
伊朗	0.66	1.9
沙特阿拉伯	0.57	1.7
加拿大	0.55	1.6

资料来源：Wind 数据库，中信建投期货。

美国和德国煤炭消耗量下降的主要推动力是旨在限制二氧化碳排放量的立法。这有助于刺激两国可再生能源使用量的快速增长，从而降低了对煤炭的需求。但是在美国，页岩气的蓬勃发展是减少煤炭消耗的更大动力，这产生了大量廉价的天然气。在过去的十年中，美国的可再生能源消耗量增加了 349 太瓦时（TW·h）。在同一期间，天然气发电量增加了 696TW·h，几乎是可再生能源贡献的两倍。实际上，自《京都议定书》签订以来，美国减少的二氧化碳排放量比任何其他国家都多，而中国的排放量及增加量则超过其他国家。

应当指出，在历史排放到大气中的二氧化碳的责任方面，美国位居第一。但是，考虑到中国目前的排放量和趋势，中国将在超过十年的时间里超过美国在大气中的总二氧化碳排放量。中国的人均二氧化碳排放量远低于美国，2018 年美国的年人均排放量为 16t，而中国为 8t。但是，自 1980 年以来，美国的人均排放量下降了 20%，而中国的人均排放量却增长了 5 倍多。

因此，很明显，美国应对其在大气二氧化碳清单中的份额承担责任。但是，中国现在的排放量超过了接下来三个国家的总和，而且排放量还在继续增长。因此，在遏制二氧化碳排放方面，中国是最重要的国家，中国采取的行动将在很大程度上决定《巴黎协定》在遏制全球二氧化碳排放方面的成败。

4.人口增长过快

世界人口的迅猛增长引起了许多问题。特别是一些经济不发达国家的人口过度增长，影响了整个国家的经济发展、社会安定和人民生活水平的提高，给人类生活带来许多问题。为了解决人口增长过快的问题，人类必须控制自己，做到有计划地生育，使人口的增长与社会、经济的发展相适应，与环境、资源相协调。统计数据表明，世界人口 1800 年达到 10 亿，1930 年达到 20 亿，1960 年达到 30 亿，1974 年达到 40 亿，1987 年达到 50 亿，1999 年达到 60 亿。据法国国家人口研究所的统计，世界人口 2005 年 12 月 19 日突破 65 亿，预计到 21 世纪中叶，世界人口将达到 90 亿至 100 亿（图 1-2）。

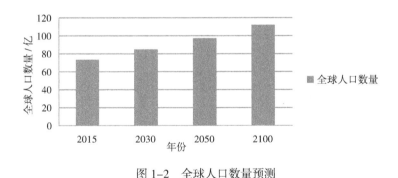

图 1-2 全球人口数量预测

资料来源：中国产业信息网。

第二节 可持续时尚概述

在维基百科中，可持续时尚的定义是这样的：它是促进时尚产品和时尚系统向生态更加完整性和社会正义性转变的行为和过程。可持续时尚不仅涉及时尚产品，还包含整个时尚系统。这意味着相互依存的社会、文化、生态甚至金融体系都囊括其中。可持续时尚需要从许多相关利益者的角度来思考，如消费者、生产者、生物物种、现在和未来的子孙后代等。因此，可持续时尚是每个公民、政府机构及私营业主的责任。时尚界需要系统思考的一个典型例子是，产品层面的创新（Product-level Initiatives）所带来的好处，例如，用一种对环境危害较小的产品替代某种纤维，而这种危害较小的替代品的优势，却因为时尚产品数量的不断增加而变得微乎其微了。

一、可持续时尚概念界定

可持续时尚概念的提出，可以追溯到 1962 年美国生物学家雷切尔·卡森出版的《寂静的春天》一书，她在书中揭露了农业化学品滥用导致的严重而广泛的污染问题；1987 年，由挪威前首相布伦特兰夫人领导的世界环境与发展委员会的报告（Brundtland Report）中，首次提出了"可持续发展"是既要满足当代人的需求，又不对后代人满足其需要的能力构成危害的发展；1992 年，在联合国环境与发展会议（俗称"里约地球峰会"）上，"绿色问题"正式进入了时尚和纺织品出版物之中。自 20 世纪 90 年代初以来，围绕可持续时尚的研究一直在发展和探讨，包括旨在提高现有业务资源效率的技术项目，以及从根本上重新构想时尚系统的方式，等等。可持续时尚是推动时尚产品和时尚系统向更大的生态完整性和社会正义的转变的运动和过程。可持续时尚不仅仅关注时尚纺织品或产品，它包括解决整个时尚系统。这意味着要处理相互依存的社会、文化、生态和金融系统。这也意味着从许多利益相关者的角度考虑时尚——用户和生产者，所有生物，当代以及未来地球上的居民。

2009 年时尚产业参与哥本哈根世界气候大会以来，时尚产业的可持续发展就在商业可持续、社会文化可持续、环境可持续等方向上展开了努力。在国际组织层面，诞生了联合国可持续时尚联盟，在企业间，则有由开云集团总裁弗朗索瓦 – 亨利·皮诺（Francois-Henri Pinault）牵头成立的时尚公约（Fashion Pact）。随之而来的是消费者端的意识也在不同地域有不同程度的觉醒。但时尚产业没有想到的是，2020 年的疫情却成为加速的推手。2020 年时尚界与可持续相关的行动不胜枚举。

然而，中国消费者虽然在"绿水青山就是金山银山"的生态政策倡导以及各大城市减塑行动的影响下，可持续发展从概念逐步成为生活里的一小部分，但是在时尚产业与消费的落地上却站在了从认知到实践的关口上。作为全球最大消费市场与供应链生产国之一，中国可持续时尚的改变就是世界最大的改变力量，每一个产业从业者与消费者的一点改变就是生态永续的活水。

为了更好地界定本书所代表的可持续时尚含义，我们先说"时尚"的范畴。根据《中国时尚产业蓝皮书》的定义，时尚产业是以消费时代人们的精神及文化等需求为基础的，设计、制造、推广、销售具有时代先进性并装饰、美化人们生活的产品或服务的企业组织及其在市场上的相互关系的集合。时尚产品以服装为核心，涵盖鞋帽、皮草皮具、珠宝化妆品乃至家纺、家居用品、时尚数码产品及动漫等。本书中的时尚主要指以时装为核心的时尚概念范畴。

从历史角度上讲，可持续时尚是可持续发展浪潮中的一部分，其具有时代性，不同时代下具有不同含义。联合国新闻部与非政府组织会议中最早提出"时尚与可持续发展"这一概念，表明可持续时尚理念源于可持续发展理念，可持续发展指既满足现代人的需求又不损害后代人的需求的发展。时装界的可持续意识产生于20世纪70年代，当时被称作"绿色时尚""环保时尚"。反皮草运动出现在八九十年代，此时消费大众开始关注时尚行业的社会道德行为，丰富和增加了可持续时尚的内涵。2007年，时尚理论界的重要专家凯特·弗莱彻（Kate Fletcher）首次创造了"慢时尚"这一概念，并在英国创立了慢时尚和可持续设计研究中心。Fletcher（2008）将时装业的可持续性描述为开展促进人类福祉和保护自然完整性的业务。其认为，服装产业的可持续性受到生产的每个环节的影响。可以说，可持续时尚概念在此时初步形成。

可持续时尚作为"慢时尚运动"潮流的一部分，"快时尚"品牌全球迅速扩张的同时，可持续时尚概念也在进一步发展和成熟。但"慢时尚"绝非"快时尚"的对立面，它是一种以可持续为核心的时尚发展理念。它既是减少对环境的破坏，关注产品质量，使用可再生资源，还包括了对劳工利益、社会和消费者利益的维护等。维基百科对可持续时尚的解释为：促进时尚产品和时尚系统向生态更加完整性和社会正义性转变的行为和过程。由此可见，可持续时尚已涵盖了时尚、环保、社会责任三个方面的内容，其不仅仅涉及时尚纺织品或产品，还包含了整个时尚系统。

本书对可持续时尚的解释是：可持续时尚是基于供应链的时尚产品全生命周期的一系列环境友好型生产发展行为。具体讲就是以可持续的方式进行设计、原料采购、生产、销售和回收利用服装、鞋帽、配饰等，并考虑到整个过程对环境和社会经济造成的影响。基于此，本书可持续时尚评价指标体系将基于供应链从产品生命周期角度展开构建。

二、可持续时尚的发展历程

在很多人的印象中，时尚与能源消耗、环境污染毫无关系，甚至感觉是风马牛不相及，但恰恰相反，时尚产业是仅次于石油化工产业的全球第二大环境污染制造者。2017年艾伦·麦克阿瑟基金会（Ellen MacArthur Foundation）的报告数据显示，纺织行业生产每年排放约12亿t温室气体，超过了所有国际航班和海运排放的总和，服装行业每年向海洋排放50万t微纤维，相当于500亿个塑料瓶。同时，每年全球要生产超过800亿件衣服，而生产这些衣服所用的纺织纤维需要消耗1万亿gal的水，33万亿gal的原油和200亿lb的化学物质，而这些服装只有大约20%回收或再利用，大量的时尚产品和服装最终成为垃圾填埋场的废物或被焚烧。例如，仅在美国，每年就有1300万t衣服被废弃；在英国，每年完全没穿过的衣服多达24亿件，价值高达100亿英镑（约合885亿元人民币），平均每户每年要丢掉26件还可以穿的衣服；2018年国际知名品牌Burberry燃烧了价值约2860万英镑（约合2.53亿元人民币）的库存商品，其目的仅是维护商家的品牌形象。由此可见，因时尚而导致的浪费和环境污染是多么惊人，而倡导可持续时尚又是多么重要和迫在眉睫。

1. 20世纪60～80年代：反时尚主义

时尚界对环境保护和可持续发展的关注最早可以追溯到20世纪60年代。著名的"嬉皮士佩花运动（The Flower Power Hippie Movements）开始反抗消费主义社会，追求回归自然的生活方式。到二十世纪七八十年代，朋克风盛行，二手服装和破旧的服装成了当时人们竞相追逐的热点。无论是嬉皮士风还是朋克风，都主张"反时尚（Anti-fashion）"，更进一步地说是对"时尚（Being Fashionable）"概念完全的否定。"Anti-fashion Party"时至今日依然备受追捧。

2. 20 世纪 90 年代：环保时尚运动

90 年代，环保时尚运动概念受到热宠，从服装品牌 Esprit 开始，个别品牌建立了自己的环保服装生产副线，开始更加关注时尚产业的环保问题，选择更加环保的纤维进行生产。而 Esprit 在当时创立的 Ecollection 环保时尚风格系列与主流时尚格格不入，看上去只是为了响应环保主义活动而进行的部分改良，而不是对时尚产业进行全盘的可持续发展改造，所以这种风格更像是与主流时尚分割的宣言。

在这样的浪潮影响下，环保时尚风格的服装更加倾向于实用主义，朴实无华，而不注重服装的设计风格和颜色应用，整体效果看上去是"干净的邋遢环保风（Cleaner Sloppy Looking Eco Style）"。

3. 2000 年之后：可持续时尚

来到 2000 年，消费者开始关注公平交易和环保，对可持续时尚的质量和设计提出了更高的要求。"LOHAS 乐活"在社会中开始流行起来，是指一种重视环境和健康，崇尚可持续发展的生活方式。乐活族是一群重视健康、关爱环保，在消费时以健康、环保、时尚、有机、天然、绿色为主题。在欧美四个人中有一个人是乐活族，仅在美国就有 40% 的成人，约 8000 万乐活族。中国有 3000 万精准，1 亿准乐活族，乐活族强调"健康、可持续的生活方式"。"乐活"是一种环保理念，一种文化内涵，一种时代产物，更是一种贴近生活本源，自然、健康、精致的生活态度。

除了时尚和潮流，社会责任和道德伦理也是考虑范围内的重要因素。不只是时尚本身，公平的工作环境和时尚产业链的环保问题也得到了进一步关注。2013 年，纺织业中的拉娜广场惨案（2013 Rana Plaza Disaster），一家位于孟加拉国达卡的服装厂轰然倒塌，引起了时尚界的巨大震动，进而引发人们对消费主义的进一步反思，诞生了"慢时尚（Slow Fashion）"的概念。与"快时尚"截然相反，它更加关注我们生活依赖的自然环境和生活环境，而不是以利润作为唯一标准。

第三节　可持续时尚研究现状

一、国内外学者研究现状

1. 国外研究现状

国外学者对可持续时尚的研究成果主要体现在可持续设计、绿色供应链、可持续消费等角度上。在可持续时尚概念方面，丹妮亚·马蒂（Dania Marti，2016）认为人为缩短生命周期的时尚被称为"快时尚"，反之延长的为"慢时尚"。克劳迪亚·亨宁格（Claudia E. Henninger，2016）认为慢时尚包括可持续时尚，它体现一种生活理念与方式，而可持续时尚更侧重整个时尚产业的发展理念。其基于微观组织、行业专家、消费者角度探讨论述了什么是可持续时尚，其利用访谈，问卷调查等方法对可持续概念的探讨与论述更加明确了可持续时尚的内涵。

在可持续性设计和采购方面，尼尼马基和科斯基宁（Niinimaki & Koskinen，2011）在其文章中指出服装行业可以利用延长时尚产品生命周期来促进可持续发展。从产品设计本身角度促进时尚可持续，如努力实现易加工、可拆解、多功能、可再生设计等可持续设计理念。最典型的是加拿大设计师艾米丽·蒙格兰（Amelie Mongrain）在一次时尚论坛中提出的可持续设计的 6R 原则，即"减少（Reduce）、重新利用（Reuse）、循环利用（Recycle）、恢复（Recover）、再设计（Redesign）、再生产（Remanufacyure）"。在采购方面，关注重点在可持续评价机制和供应商选择策略上，如泽尔克·斯特维奇（Željko STEVIĆ，2019）利用模糊层次分析法评估供应商。另外生物基塑料、新型纤维、可再生材料等替代性原料也是当下可持续时尚在面料方面的讨论热点。

在可持续生产方面，一些学者和行业领头企业从低碳环保层面给出一些实践经验及建议。约根森（Jørgensen，2012）在其论文中指出，企业可以通过公司内部、供应商、市场等驱动因素来改变整个供应链，从而促进企业可持续化发展。还有学者认为减少用水、废料与化学品用量，并提高生产效率与能源效率才能减少时尚产业供应链整体对环境的影响。在生产技术上，"低污染印染、新型客制化流程、自动化服装生产加工以及供应链的可追溯性等"是当今可持续时尚研究发展方向。另外，一些可持续组织如美国户外产业协会（OIA），针对产品出台了"生态指标"，主要体现在对可持续产品的评估标准；可持续服装联盟（SAC）致力于发布新的评定标准"Higg Index"，其主要考察使用水量及对水质的影响、能源损耗及二氧化碳排放量、化学制剂的使用及是否产生有毒物质等，主要从环境层面给出相关评估工具；开云集团推出了环境损益表（EP&L）评估工具，这是一个将产品对环境造成的影响货币化的工具，对可持续决策具有重要意义。

在可持续分销和回收方面，柯莉·康德·哈瓦斯（Kerli Kant Hvass，2019）通过为期 34 个月的调查分析探讨了时尚品牌循环时尚商业模式中存在的问题和对策，指出其中存在整个价值链循环设计问题、目标不明确、战略不统一、实现技术与消费者积极性有欠缺等问题，后又提出要从商业模式和整个价值链角度设计循环经济闭环，而非简单的回收计划。

埃斯本·拉贝克·耶德鲁姆·佩德森（Esben Rahbek Gjerdrum Pedersen，2019）论述了循环商业模式的复杂性，指出消费者在循环再生产中的指导作用与设计师在款式、面料上把控的关键作用等。另外，从可持续消费角度，埃尔萨瑟（Elsasser，2011）从消费行为角度研究可持续消费对可持续时尚发展的影响，其认为时尚产品生命周期的后部分包括购买，消费者使用，废弃和处置等。消费者所购买的服装的数量，频率和类型等影响时尚的可持续。从纪录片《真正的成本》（*The True Cost*）中表明消费者对于"可持续时尚"的含义并不明确。麦克尼尔和摩尔（McNeill & Moore，2015）在其研究中表示目前可持续产品的价格太高，消费者即使愿意购买可持续的服装，出于不信任价格考虑也不太会购买。可见"漂绿"现象频出，如何建立企业与消费者之间的信任，如何帮助消费者识别和认知可持续时尚是关键。凯伦·穆恩（Karen Ka-Leung Moon，2015）提出应从政府宣传、企业进行营销策划与公关宣传、消费者教育角度促进可持续时尚的传播和发展。Ruoh-Nan Yan（2016）也从计划行为理论研究可持续消费行为影响因素，并认为应通过教育手段不断提高消费者对于可持续时尚的认识。

2. 国内研究现状

相比国外可持续时尚的研究成果，国内的研究成果相对较少。近年来，可持续时尚虽备受关注却少有学者有针对性地做深层次的理论研究。目前，国内关于可持续时尚研究大多聚焦于可持续性面料开发、可持续设计等方面。如在可持续设计层面的研究，贾曙洁（2018）在其毕业论文中通过研究服装重组再利用设计手法，对旧衣进行改造，以期促进时装界的可持续；岳文婧（2019）则在其毕业论文中从设计本身角度研究可持续设计，探讨了可持续设计的理念及方式方法。在面料方面，向开瑛在"时尚的自我救赎"中认为新材料的开发是践行可持续时尚的另一途径，张勇（2019）在其毕业论文中针对 PETP 面料探讨了其利用情况及可持续意义等。

在可持续生产阶段，国内学者主要从绿色供应链角度和低碳视角开展研究。如张博雅（2018）指出绩效评价问题一直是绿色供应链管理研究中的一个重点和热点问题；薛磊（2019）运用模糊综合评价法构建了以"财务状况、顾客服务、业务流程、环境绩效"为一级指标的绿色供应链评价体系；薛洋基于灰色关联法对纺织企业绿色生产绩效构建了"绿色研发能力指标、绿色生产能力指标、绿色产品认同指标、绿色文化能力指标"四个一级指标并进行了案例分析。还有学者从低碳视角研究时尚企业供应链绩效评价，吴猛（2018）则从纺织服装产品生命周期视角研究其碳足迹评价等。

另外，在可持续分销及回收方面，一些学者认为从市场角度也可寻找可持续发展路径。在可持续商业模式方面，朱明洋、林子华（2015）初步探讨了商业模式的可持续动机，并对未来发展趋势进行了展望；杨洁（2018）在其文章中用企业实际案例展现了国内可持续时尚的可持续经营模式实践。众多学者认为将废旧时尚产品转化为新产品材料或延长时尚产品的生命周期，可有效减少时尚产业对环境的影响。黄博（2018）在其学士论文中认为可以利用回收旧衣循环再利用减少资源浪费与环境压力。回娜（2019）在《经济日报》上曾披露，尽管旧衣回收箱在一些大中城市投放十分普遍，但实际回收利用情况并不理想的现象，可见，旧衣回收在实施过程中仍存在着众多问题。

二、可持续时尚发展现状

1. 国外发展现状

从相关组织或协会上看，早在 2017 年，联合国纽约总部就举办了一场独特的环保时装秀，其旨在引导人们对可持续时尚与社会发展的深入思考，从而推动可持续时尚的发展。总部位于哥本哈根的全球时尚议程（Global Fashion Agenda）与波士顿咨询公司（Boston Consulting Group）联手于 2017 年发布了《时尚产业脉搏》报告，该报告直接针对时尚行业，明确指出了通过实现可持续发展可带来的业务机遇。

从相关企业可持续时尚实践上看，开云集团开发了一个可以衡量和量化其经营活动对环境造成影响的评估工具——环境损益表（EP&L）。环境损益表是通过测量整个供应链上二氧化碳排放、水消耗、对空气和水资源的污染、土地使用和废物生产量，使集团经营活动对环境造成的各种影响被可视化、量化并可加以对比，然后把这些影响转换成对应的货币价值，由此得到集团环境成本的概览量化自然资源的使用。此举拉近了可持续时尚与大众的"距离"，将环境影响货币化，有利于促进业界实施可持续行为。时尚科技公司 Worn Again Technologies 2005 年在伦敦东部成立，其开设了一家试点研发中心，为即将在 2021 年启动的工业示范项目做准备。由于目前无法分离混合纺织品中的染料和其他污染物等技术难题和只有不到 1% 的非可穿戴纺织品被重新制成纺织品的现状，Worn Again Technologies 的愿景是建立一个无废物的时尚世界，让所有纺织资源保持循环利用。

2. 国内发展现状

从国内企业可持续时尚实践成果上看，国内企业紧跟行业发展潮流，众企业根据自身情况做出一些可持续商业实践行为。山东如意集团同全球 32 家时尚纺织巨头共同签署《时尚公约》；江南布衣 2018 年以零浪费的时尚推出了 REVERB 品牌，主打材料循环使用（Circular Fashion）的理念；ICICLE 旗下设国内首个环保婴孩装品牌 ECO BABE；Klee Klee 致力于顾客参与价值创造，并为他们的消费负责，其还赞助 Reform 旧衣新生项目，采取供应链透明化实践行为；鄂尔多斯、恒源祥通过优化垂直供应链，寻求生态环境与企业共同发展之路；晨风集团致力于使用可再生能源，将节能、环保贯彻到生产每一环节；等等。可见，中国时尚企业在可持续时尚发展中扮演着重要的角色。

第二章
可持续设计

第一节　可持续设计的源起与发展

一、可持续设计的源起

美国设计理论家维克多·帕帕奈克（Victor Papanek）对可持续设计思想的产生有着直接的影响，早在 20 世纪 60 年代末，他在著作《为真实世界而设计》（*Design for the Real Wold*）中就指出："现代设计的最大作用并不是创造商业价值，而是认真考虑有限的地球资源的使用以及如何保护生态环境等问题。"可持续设计 DFS（Design For Sustainability）源于可持续发展的理念，世界自然保护联盟（IUCN）在 1980 年出版的《世界自然资源保护大纲》报告中最早提到了可持续发展，该报告指出："必须研究自然的、社会的、生态的、经济的以及利用自然资源过程中的基本关系，以确保全球的可持续发展。"1987 年，联合国正式通过了世界环境和发展委员会提交的研究报告《我们共同的未来》，该报告正式提出了"可持续发展"理念，将可持续发展定义为"既能满足当代人的需要，又不对后代人满足其需要的能力构成危害的发展"，并确立了三大目标：环境资源保护、经济发展效率和社会公正公平。1992 年，联合国环境与发展大会召开，该大会通过了以可持续发展为核心的《21 世纪议程》，形成了世界范围内践行可持续发展的行动计划。

二、可持续设计的发展

学术界对"可持续设计"的概念并无定论，它一方面与"绿色设计""生态设计""低碳设计"及"环境设计"等概念有着密切的联系，另一方面又有着自身的特点。根据清华大学刘新教授的观念，可持续设计理念的演进与发展经历了四个阶段：绿色设计、生态设计、产品服务系统设计和可持续设计新阶段。可持续设计的外延不断扩展，从着眼于环保材料与节约能源的绿色设计，到强调过程中干预和产品生命周期的生态设计，再到关注系统创新的产品服务系统设计，如今发展至聚焦提升社会公平的可持续设计阶段。可持续设计的演变与发展如图 2-1 所示。

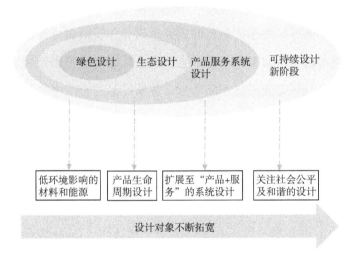

图 2-1　可持续设计的演变与发展

1.绿色设计阶段

第一阶段为"绿色设计（Green Design）"阶段。"绿色设计"是指将生态环境意识融入设计形成其核心思想理念，在运用设计解决供给问题的同时，又设法减轻或消除由此可能造成的环境负面影响。其核心是"3R"原则（Reduce，Recycle，Reuse），强调使用低环境影响的材料和能源，减少有害物质的排放，而且使产品及零部件能够方便地分类回收并再生循环或重新利用。该阶段将环境问题纳入设计思考的基本要素之中，是对设计应发挥的作用和社会角色的深刻反思，极大提升了设计的社会价值。但问题在于，早期"绿色设计"的理念停留在"过程后的干预"，即更多考虑的是问题发生后如何采取补救措施。

2. 生态设计阶段

第二阶段为"生态设计（Eco-disign）"阶段。生态设计引入了"产品生命周期"设计方法，该阶段是从整个产品的生命周期着手考虑和平衡对环境造成的不利影响。生态设计更加全面地思考产品设计的各个阶段、各个方面、各个环节中的环境问题，可称为"过程中的干预"。产品"生命周期评估（Life Cycle Assessment，LCA）"是目前推行"生态设计"的重要手段，它使用系统的方法、量化的指标来指导和规范设计过程。生态设计是绿色设计的进一步完善和拓宽，它趋向于从源头上考虑如何处理环境生态学问题，也就是重新设计产品本身，并从产品的整个生命周期中考虑设计对环境、社会的影响。

3. 产品服务系统设计阶段

第三阶段为基于生态效率的"产品服务系统设计"阶段，即超越一般只对"物化产品"的关注，进入"系统设计"的领域，是对"产品和服务"层面的干预。米兰理工大学的卡罗·维佐里（Carlo Vezzoli）教授认为："系统设计"是从设计器具转变到设计"解决方案"，即我们的设计不局限于物质化的产品，还包括非物质化的服务。清华大学刘新教授认为产品服务系统设计可以大致分为三种类型：一是面向产品的服务，该类服务将保证产品在整个生命周期内的完美运作，并获得附加值，如提供各类产品的维修、更换部件、升级、置换、回收等售后服务；二是面向结果的服务，该类服务将根据用户需要提供最终的结果，如给服装企业的供暖、供电服务等；三是面向使用的服务，该类服务提供给用户一个平台，以高效满足人们的某种需求和愿望，如租衣平台等。在产品服务系统设计阶段，考虑的内容不仅仅是产品本身，而是将之扩展至包含产品和服务的更大的体系，这无疑是服装设计可持续发展中的一大进步。

4. 可持续设计新阶段

第四阶段是当今设计研究的最前沿，该阶段关注社会公平与和谐，涉及本土文化的可持续发展、对文化及物种多样性的尊重、对弱势群体的关注，以及提倡可持续的消费模式等。在此，"可持续设计"的系统观念被进一步地深化和完善，并向关注全球化浪潮冲击下的社会和谐及大众的精神层面和情感世界拓展。由此可见，可持续设计阶段强调的并不仅仅是环境保护和资源节约，同时也涵盖了人类发展的可持续、社会发展的可持续、文化发展的可持续及经济发展的可持续，使得人类与环境、经济、社会之间建立一种平衡和谐的关系状态，是一种对所有整体利益关注的设计理念。

第二节　可持续材料

不同原材料在种植、加工、废弃处理等过程中对资源的使用及环境的影响有着非常大的差异，设计师在选择面辅料时除了考虑其产品风格、流行性、成本等问题，也要对原材料的可持续性有所考量。可持续面辅料要求面辅料的种植过程、加工过程、穿着过程均要对人体和环境无害，在失去使用价值后能在自然条件下降解或重新利用。国内的环保品牌或环保系列多从此角度出发秉承其可持续理念，如环保品牌 ICICLE、ZUCZUG 旗下环保品牌 klee klee，江南布衣旗下环保品牌 REVERB 等都很重视可持续原料的选择。具体可从天然环保材料的选择、可再生材料的选择、可降解材料的选择、循环再利用纤维材料的选择等方面考虑。

一、天然环保材料

天然无污染面料是指以源于自然界原生的或者经过人工养育的动物上、人工培养的植物中直接获得的纺织纤维为原料所制成面料，且原料天然纤维在种植或者养殖的过程中不受杀虫剂、化肥、荧光增白剂等超标化学物质的污染，符合服装相关检测标准。天然纤维是服装纺织行业的重要材料之源，根据其来源的生物种类分为主要由纤维素构成的植物纤维和主要由蛋白质构成的动物原料纤维。存在于自然界的天然纤维主要分为棉类、麻类、丝类和动物毛类。其中纤维素组成了棉花和麻类的主要分子成分，而蛋白质组成了丝类和动物毛类的主要成分，它们可完全生物降解。值得注意的是，并不是所有的天然纤维都属于环保材料，需要综合考虑其种植过程中对资源的使用情况及是否存在环境污染等问题。它们在生产过程不像人造纤维需排放大量污水，但它们在种植过程中需要大量的土地资源及水资源，除此以外，用传统种植方式种植棉花将大量使用农药，对土壤、水、空气等有很大的污染。

1.植物绿色纤维

棉是非常常见的植物纤维，然而，2006 年荷兰瓦赫宁恩大学一份名为《棉织物的可持续性》的报告显示，棉花种植占用了全球 2.4% 的耕地，使用了大约 11% 的农用化学杀虫剂。

减少棉花生长中的化学负荷有许多途径，其中最著名的是有机农业，转基因技术等生产的有机棉、清洁棉、转基因棉，则在种植中最大限度地控制了化学品的使用，相较普通棉花而言降低了能源的消耗及对环境的不良影响。由同行评议的科学论文表明，用于实现化学还原的转基因棉花最成功的品种是 Bt 棉花，Bt 棉花植株中的遗传密码被设计成为含有对害虫有灭杀作用的细菌毒素，这意味着只有较少的害虫会对这类作物造成侵害，因此需要的农药喷雾也比较少。但是这类有机方法也存在一些问题，有些作物产量会低于常规棉产量的 60%，这种减少可能会对农民造成重大的经济损失，这也使得将有机方法作为减少化学品使用的关键手段受到质疑。其他途径还包括通过生物 IPM（有害生物综合治理）系统，即农民使用生物手段控制虫病，这些生物手段包括使用生物技术抵抗害虫侵害、使用杂草清理更简单的转基因技术。即便如此，这类原材料目前仍有许多问题未得到解决，主要包括种植需要占用大量的土地资源、长期减少化学品使用的有效性、相邻农场害虫迅速增长等。此外，还包括天然彩色棉纤维也是实现可持续手段之一，美国科研人员率先采用基因工程技术种植出天然彩棉，避免了棉纤维及其制品因染色处理而造成生态环境的破坏，而且无须漂洗等繁杂工序，提高了棉纤维制品的生产效率，进一步降低了能耗及对大气、水等资源的污染。天然抗皱棉纤维有效地省略了普通棉纤维制品所需的抗皱处理，减少了因抗皱产生的资源浪费与环境污染，美国研究人员通过转基因工程将能够产生聚羟基丁酸酯 PHB 的细菌基因片段移植到普通棉的细胞中，培育出能够天然抗褶皱的棉花，新型棉纤维的吸水性、柔软度均与普通棉相似，而保暖性、纤维强度及抗皱能力更好。

除了棉纤维，植物绿色纤维还包括藕丝纤维、香蕉纤维、菠萝纤维和椰子纤维等。藕丝纤维是从荷花茎秆中提取成分然后经过浸渍、洗晒、脱胶等工艺制备而成的一种绿色纤维，主要制备原理是微生物的发酵作用，是一种多糖且富含纤维素、半纤维素和脂肪类的天然绿色纤维，主要成分是多糖类物质、木质素、脂肪和蛋白质等，处理后的藕丝为浅棕色，手感较硬。香蕉纤维主要存在于香蕉树的韧皮组织内，因香蕉茎秆纤维长度较短，单细胞宽度也不足，所以不能直接纺纱。目前，香蕉纤维普遍采用半脱胶方式保留一部分胶质，将单纤维黏合成具备一定长度的纤维素，再进行纺纱、织造等。从化学性能来看，香蕉纤维属于韧皮纤维，其性能与纤维素纤维类似，又因为含有蛋白质，所以表现出蛋白质纤维的某些性能。菠萝纤维又称凤梨麻纤维，是从菠萝叶片中提取出来的一种麻类天然绿色纤维，由很多纤维束紧密结合组成，纤维表面粗糙，有缝隙和孔洞，横向多枝节，无天然卷曲，单细胞呈圆筒形，表面光滑有中腔，整体来看，菠萝纤维外观与麻纤维类似，主要由纤维素组成，具有较好的毛细效应，吸湿透气、抗菌除臭、挺括。目前，菠萝纤维的提取方式可分为水浸法、生物化学法和机械提取法。水浸法是将菠萝叶浸泡在水中发酵，然后人工刮取、清洗、干燥；生物化学法是采用生物酶与化学试剂破坏叶片纤维周围的组织，再人工制取；机械提取法是利用机械外力将纤维从叶片周围组织中强制剥离。椰子纤维是利用废弃椰壳经过浸泡、敲打、除杂、晾晒后获得的天然木质纤维素，具有韧性强、防潮、透气、抗菌等特性。椰子纤维主要由纤维素、木质素、半纤维素、果胶等物质组成，纤维素含量较高，纤维具有优良的力学性能、耐湿性、耐热性优异。椰子纤维韧性强，可替代合成纤维用作复合材料的增强基等。

2. 动物绿色纤维

丝和毛是我们熟知的动物绿色纤维，其绿色化主要考虑减少染色过程带来的环境污染等方面。彩色羊毛纤维是利用基因工程技术对普通羊毛的纤维结构进行改变，使其产生不同的颜色类别而获得的一种绿色纤维，普通羊毛多为白色或灰白色，色调比较单一，而彩色羊毛省去了普通羊毛所需的染整工艺流程，避免了染色过程中染料、助剂等对环境的破坏作用，而且彩色羊毛的力学性能、吸湿透气性及卷曲度均与普通羊毛相似。天然蚕丝纤维则利用工程技术改变蚕虫体内色素颜色相关的基因片段，进而获得天然彩色蚕丝，避免了普通蚕丝印染加工产生的废水、废气，以及使用染料、助剂带来的环境污染问题。

甲壳素纤维是从甲壳类动物如虾、蟹、昆虫的外壳或真菌细胞壁等提取出化合物，然后以湿法纺丝工艺纺制而成的一种可完全生物降解的绿色纤维。甲壳素纤维及其衍生物壳聚糖纤维均是吸湿、保暖、抗菌、可降解、可纺性等性能优异的功能性纤维。

二、可再生材料

地球的自然资源受到地球自身更新能力的限制，自然资源在数年或数月内再生的前提是人类对自然资源的开采不超过其再生能力。以棉花、大麻，以及树木纤维素为原料的纤维作物，可以在开采速度和再生速度之间达到临界平衡，因此这种纤维是可再生的。而基于矿物和石油的纤维，其开采速度和再生速度之间严重失衡，因此它们是不可再生的。值得注意的是，原材料的可再生性并不能完全确保其可持续性，对于"可再生"面料加工中所需要的能源和资源、化学品的使用、运输中对能源的使用及环境的影响等都要进行综合考量，才能确定该"可再生"面料是否为可持续面料。如竹子纤维是否属于可持续材料就值得探讨，近年来关于竹纤维的可持续性论述主要着眼于竹子高效而持续的可再生性，但竹子加工成黏胶纤维的一系列加工过程会在空气和水中排放大量废物。

1.再生纤维素纤维

再生纤维素纤维是从植物中提取纤维素制成浆粕，经过加工制成的纤维。现在较为成熟的对环境影响较小的可再生面料是天丝，它是由木浆制成的纤维素纤维，其原料可以直接溶解在氧化胺溶剂中，然后将纤维素溶剂或溶液挤压成纤维，并在纤维洗涤时提取溶剂，在这个过程中，超过99.5%的溶剂是可以回收、净化和再利用的。同时，由于氧化胺是无毒的，天丝纤维的原始状态也非常纯净安全，所产生的少量污水被认为是无害的。由于天丝纤维在染色之前不需要漂白，因此只需要使用少量的化学品、水和能量就可以使其成功着色。黏胶纤维也属于再生纤维素纤维，我国还用微胶囊技术开发了许多功能性黏胶纤维，例如，将麦饭石中的铁、钙、铬等微量元素缓释到纤维上，获得具有良好远红外保健和释放负离子功能的麦饭石纤维；将茶叶提取物（茶色素、茶多酚、儿茶素等）加入黏胶纤维中制得具有抗菌防臭功能的茶纤维；将菘蓝根提取物（生物碱类、有机酸类和多种氨基酸类等）加入黏胶纤维中制得具有抗病毒和耐水洗功能的板蓝根纤维；将青蒿素等成分加入黏胶纤维中制得具有除螨和吸水透湿功能的青蒿素纤维等。莫代尔纤维也是常见的再生纤维素纤维，莫代尔纤维是采用云杉、榉木浆粕利用湿法纺丝工艺加工而成的高湿模量再生纤维素纤维，具有较高的结晶度和取向度，纤维无定形区较小，大分子排列整齐紧密，因此密度较大。由于原纤结构的存在，莫代尔纤维手感细腻柔软、亲肤性强、穿着舒适，同时较低的原纤化等级使纤维表面光洁明亮且具有较强的仿丝感。此外，还有很多新型再生纤维素纤维，如杜邦应用科学部开发了一种将玉米淀粉转化为纤维的方法，聚乳酸纤维从玉米及甜菜中获取，制作过程中需要消耗的能量较少。我国生产的高温模量纤维品种丽赛纤维悬垂性好，吸湿性强，可完全被生物降解，且生产成本低，工艺成熟，与其他类型的纤维混纺或交织的能力较强。

2. 其他再生纤维

再生蛋白质纤维主要从动植物中提取天然蛋白质经纺丝制成。目前我国使用较多的是大豆蛋白纤维，该纤维从主原料大豆中提取蛋白质与高聚物接枝、共聚共混后纺丝。再生蛋白质纤维还包括玉米蛋白纤维、牛奶蛋白纤维、胶原蛋白纤维、蚕蛹蛋白纤维等。

其他再生纤维还包括再生甲壳质与壳聚糖纤维及海藻纤维等。再生甲壳质与壳聚糖纤维以天然高分子碱性多糖甲壳质为原料，海藻纤维以藻类提取物海藻酸为原料。两者都是通过湿法纺丝制得，并且均具有抑菌止血等作用，已广泛应用于医用纺织领域。

三、可降解材料

1. 可生物降解材料

选择在使用寿命终结时依旧无害、具有生物降解能力的原材料是应对如今日益增多的纺织品服装废弃物的一种积极环保的方式。生物降解是指纤维或服装在一定程度上被微生物、光、空气或水分解成更简单的物质这一过程，这个过程必须是无毒的，并且在相对较短的时间内发生。

并非所有的纤维都会被生物降解，例如，合成纤维来自碳基化工原料，这种原材料是无法进行生物降解的，由于微生物缺乏分解这种纤维所需的酶，合成纤维可以在环境中长期存在并不断积累；相比之下，植物和动物纤维被降解成简单颗粒就相当容易。除此以外，随着对废弃物问题越来越多的关注，以及天然和工业循环闭合回路的兴起，促进了一类具有生物降解性的新兴聚酯纤维的发展。PLA 纤维是由农作物中的糖为原料制成的，该纤维可生物降解，但只能在工业堆肥设备提供的最佳条件下分解，这是阻碍生物可降解合成纤维被大众认可的一个关键因素。因为接近家庭堆肥的环境条件无法提供这类纤维所需的温度和湿度来引发纤维分解。与此同时，缺少科学的工业堆肥方案所需的基础设施及采集系统来控制和引导废弃物，这使得这些纤维无法回归自然。有证据表明，在垃圾填埋场，可生物降解的合成材料产生的甲烷浓度很高，而甲烷是一种强效的温室气体。因此新一代可生物降解的合成纤维未来还有很多值得研究的地方。

由于服装除面料以外还会使用线、标签或装饰物，这些都会影响服装最终的可生物降解进程，因此，设计师要在设计之初就对所选择的材料全盘考虑，在开始阶段就要避免使用纤维混纺、不可降解的线和服装装饰物，这样服装才能够更好地被生物降解。

可降解纤维要想成功地实现可持续发展的预期项目还面临着许多重大挑战，例如，要设计可完全被生物降解的服装，所有的纤维和配件部分都可以充分而且完全地被降解；发展合适的基础设施来收集和处理可降解的纤维；完善生物降解纤维的标签和信息，说明这类纤维分解过程与来源于石油原料的合成纤维的分解过程的差异等。

2. 可降解合成材料

可降解的合成材料也是可持续原材料研究的重点，不同于生物降解，这些原材料的分解需要更加严格的控制条件。

许多企业和研究者都致力于可降解合成材料的研究与开发。如美国杜邦公司研发的可降解聚合物 Apexa，在 45 天内可以明显地被分解，但这种分解需要一定的刚性控制条件，如高温、高湿和适当的 pH 值。此外，该公司研发的合成材料 Tyvek 也可降解，中国防寒服品牌"波司登""雪中飞"的羽绒服衬里就选用了这种面料，它轻巧、耐用，既抗风又透气，解决了因湿热无法散出而导致羽绒受潮、发霉、粘结成团的难题，使羽绒服手感更柔软、穿着更舒适，且在一定条件下可降解，回收后可再作他用。

四、可循环再利用纤维

循环再利用纤维是将废旧化学纤维、纺织品或废弃高分子材料直接经物理加工或熔融、溶解后纺丝，或进一步裂解成小分子后重新聚合纺丝等方法获得，其制备工艺有物理回收法和化学回收法两类，可得到聚酯纤维、聚氨酯纤维、聚酰胺纤维、聚丙烯纤维、聚丙烯腈纤维、聚氯乙烯纤维等品种，其中聚酯纤维占总量比重超过 90%。循环再利用纤维对于资源的节约效果立竿见影，不仅减少了纺织品原料资源消耗和废旧纺织品对环境的压力，也为一些纺织或纺织以外领域的原料提供了丰富低廉的选择。

随着新型技术和设备的不断开发，废旧纺织品的运用也越来越高效和快捷。但目前国内废旧聚酯瓶集成化回收利用的企业还较少，回收成本与重新生产成本相比优势不明显，大部分企业设备相对简单，不一定配备了废水处理系统，因此，在环保生产的前提下贯彻废弃物有效回收是循环再利用纤维发展的方向之一。

1. 物理回收法

物理回收法是将非纤维状或纤维状原料经机械处理后纺丝制成纤维的方法。与化学法相比，物理法获得的纤维力学性能更接近原纤维。非纤维状原料主要指聚酯瓶，一般是将聚酯瓶通过机器切割成碎片再经除杂、洗涤和造粒，也可以不切割直接进行后面工序，节约成本，但回收效果相对较差。在实际生产中，因操作简便，物理回收法的原料更多为纤维状。例如，纺织厂将各种落棉不经分离直接收集并进行机械加工。该回收方法投资成本低，主要经过清洗、干燥、破碎和开松，制备的纤维属于中低档产品，多用于装饰行业。

2. 化学回收法

化学回收法是将废弃的各类纤维或非纤维状高聚物在热和化学试剂的作用下解聚成小分子单体，再重新聚合成高分子化合物后纺丝，包括传统的水解法（酸性水解、碱性水解、中性水解）、醇解法（甲醇醇解、乙二醇醇解、异辛醇醇解）、氨解法，以及新型的超临界法（超临界水解、超临界醇解）、生物酶解法、离子液体法等。此外，将废旧棉纤维作为碳材料的制备原料也是一种新型化学方法。通过水热反应对废旧涤棉织物进行分离和回收，棉纤维被水解，而涤纶不被水解，强力有所下降，但仍具有可纺性。还可将回收的废旧聚酯经除杂脱色后还原成对苯二甲酸二甲酯，并将其与乙二醇进行酯交换反应生成二羟乙基对苯二甲酸乙二醇酯单体，最后经聚合反应制备再生聚酯切片，该技术理论上能实现无限次循环，在很大程度上避免了石油资源的浪费。

五、原液着色材料

原液着色材料后道工序不需要染色便可直接纺出色纺纱，与传统染色相比，所纺纱线着色质量高、色牢度好、颜色均匀，工序成本较低。此外，原液着色不再要求工厂重新额外配备污水处理系统，这也能在很大程度上节约成本。常用的原液着色纤维包括再生纤维素纤维、聚酯纤维、腈纶纤维等。但原液着色技术目前仍面临许多问题：颜料在原液中分散性不好，适用范围有限；染料对纺丝原液最终成纤存在一定影响，如染料使喷丝孔更易堵塞或减慢成纤速度；化学品残留的相关问题，这些问题都制约了原液着色的推广普及。原液着色在适用纤维种类、可染颜色种类和色泽度等问题上还需要不断努力，生产原液着色纤维的企业也应不断完善各类工艺并及时关注产品技术指标。

1. 原液着色再生纤维素纤维

传统再生纤维素纤维织物常有染色不匀、耐日晒牢度差等问题，原液着色可有效改善这一问题。纤维素纤维原液着色要求颜料在水中及纺丝原液中都具备良好的分散稳性。用直接大红4BS和直接湖蓝5B对棉短绒溶解得到的再生纤维素溶液进行原液着色，制备色泽均匀的再生纤维素膜。纤维素纺丝原液中包含纤维素、颜料颗粒、分散剂等物质。颜料分散体在水中分散稳定，但在纺丝原液中可能发生聚沉，使纤维表面不匀，断裂强力、断裂伸长率及强度都会下降。近年来，研究人员不断努力研发，在纤维素纤维原液着色技术上有了更大进步。

2. 原液着色聚酯纤维

聚酯纤维分子结构中不含亲水性基团，分子链紧密敛集，且取向度和结晶度高，吸湿性差，染色较困难。色母粒法和色浆法是目前聚酯纤维原液着色的主要方法。根据纤维色度要求，在纺丝液中加入色母粒从而获得有色纤维的方法称为色母粒法。按照色母粒的加入方式，可分为色母粒与聚酯切片混合法和熔体直纺在线添加法。决定该类有色纤维着色效果的关键是纤维级色母粒的品质，较常使用的聚酯母粒包括炭黑和钛白粉等。将载体树脂、炭黑、分散剂等混合在一起，用双螺杆挤出机制备了不同炭黑含量的纤维级聚酯黑色色母粒。以切片和防蚊母粒为主要原料，通过改进熔融纺丝工艺，制备出效果良好的防蚊聚酯纤维。色浆法是将着色剂、分散剂与其他溶剂等混合，以液态色浆形式添加在聚合或纺丝过程中制备原液着色纤维的方法。色浆法包括在聚酯聚合反应阶段添加色浆，经聚合得到有色聚酯熔体，再直接纺丝，以及先制成有色聚酯切片，再干燥、熔融、纺丝生产两种类型。无论哪种色浆法，都要求着色剂有较好的耐温耐压性，同时还要能保证着色剂与聚合物之间有一定的浸润性。

3. 原液着色腈纶纤维

原液着色纤维中原液着色腈纶发展迅速。中国石化上海石油化工已经实现原液着色腈纶工业化批量生产，并开发出多种颜色、耐日晒牢度可达7级以上的产品。有学者发现，相比于普通腈纶，采用原液着色法制备的腈纶整体性能更优，尤其在物理机械性能和热学性能方面，同时该法获得的腈纶纤维可通过棉纺设备生产中长腈纶纱。有学者研制出一种水性超黑色浆，用原液着色法开发出色牢度高、可纺性好的超黑腈纶。

第三节　可持续设计方法

可持续设计的评价标准主要从材料的使用率、平均使用寿命、易加工性几个方面来考虑。对于可降解性评价标准，主要是从原材料的可持续方面来考虑，即设计师在原材料的选择上，要考虑选择对环境友好的可持续原材料，具体包括天然环保材料、可再生材料、可生物降解材料、可降解合成材料等；对于提高材料的利用率，主要从打板和加工技术方面考虑，因为服装板型受到具体款式的影响，因此设计师在设计款式时就应考虑如何更有效地利用原材料，最大限度地提高材料的利用率，具体方法包括"一片布"设计、拼图式裁剪和镶嵌法排板技术、DPOL（Direct Panel on Loom）技术、3D 打印技术等；在延长服装的平均使用寿命方面，主要体现的是长效设计理念，从服装的物质性和精神性两方面来考虑，可采取耐久性服装设计、一衣多穿设计、情感持久设计等设计方法来实现；易加工性主要是从设计的可循环性方面考虑，考虑废旧材料及产品在升级利用和重新构造中的易加工性，从而更好地实现可循环设计，具体主要包括非纺织品废旧材料的循环升级利用、服装废料的升级再造、废弃衣物的重新构造等方法。

一、材料利用率

通过提高材料利用率实现设计的可持续性，此为零浪费设计理念。零浪费设计是指通过特殊的打板、设计或其他手段，最大限度地利用材料，由此降低废物率的设计。零浪费设计不同于传统的思路与工序，即先完成款式设计再进行排版，而是要求设计师在设计之初就要考虑怎样进行设计从而使得材料利用最大化，这种设计方式对设计师提出了更高的要求，要求设计师在设计中融入零浪费的思想，寻求服装最佳穿着效果和面料有效利用之间的平衡。这种设计方式主要通过"一片布"设计、拼图式裁剪和镶嵌法排版技术、DPOL 技术、3D 打印等技术来实现。

1."一片布"设计

所谓"一片布"设计，就是对一整片布施以拉伸、扭转、缠绕、打结等处理，或者经规整的划分后再进行相应部位处理并缝制，制作出"一片布"式服装。古希腊的基同（Chiton）、希玛申（Himation），古埃及的丘尼克（Tunic）、罗因·克罗兹（Loin Cloth），以及沼泽外套（Bog Coat）等古典服装中都体现了"一片布"的特征。我国的苗族服装也体现了"一片布"的设计，北京服装学院民族服饰博物馆贺阳教授所带领的团队从苗族服饰中吸取灵感，设计了"一方布"系列服饰，最大限度地节约了布料，如图 2-2 所示。

图 2-2　"一方布"系列服饰

图片来源：野生 ArtUnion。

日本著名设计师三宅一生视"一块布"（A Piece of Cloth）为设计的起点，是他设计理念的根本。在三宅一生眼里，是人体与布料之间的空间创造了服装，服装可看作人的第二层皮肤，是覆盖在身体上的"一块布"。他以无结构的模式做设计，坚持穿衣服的人比衣服本身重要这一理念，将一块布通过折叠、压褶等不同的形式，改变面料原始的形态，增强面料的视觉冲击力。

2.拼图式裁剪和镶嵌法排板技术

拼图式裁剪是将设计、打板和排料过程一体化，再经过精确地计算和构思把所需面料像拼图一样完整利用，这种方法如七巧板拼图一样，可以通过巧妙的构思和排列使服装兼具人体结构和面料的零浪费。镶嵌法则是将面料进行分割，形成不同的重复或者关联的紧密结合单位图形，并在裁剪之后进行拼接重组，这种方法旨在尽可能减少面料边缘不可用的面料碎片，与拼图式裁剪相比较，虽然不一定能够使面料的利用率达到100%，但可以制造出拼图式裁剪难以完成的由特殊裁片所拼接而成的美观的服装。

设计师蒂莫·瑞桑恩（Timo Rissanen）就是一名拼图式裁剪的推崇者，蒂莫·瑞桑恩认为将设计、打版和排料过程一体化，再通过精确的计算和构思把所需面料像拼图一样完整切割利用，可达到几乎零浪费剪裁。在他的设计过程中，通过绘制草图勾勒出大致轮廓，再通过纸样切割、垂折布料的方法，在布料幅宽之间进行创造，使裁剪后的布料既能贴合人体结构，又可以最大程度地降低对面料的浪费。除了蒂莫·瑞桑恩，大卫·特尔弗（David Telfer）、朱莉娅·拉姆斯登（Julia Lumsden）、山姆·福尔诺（Sam Formo）等都是该类技术的践行者。

3. DPOL 技术

印度设计师悉达多·乌帕德亚雅（Siddhartha Upadhyaya）是生态时尚品牌"八月时尚（August Fashion）"的设计师兼技术专家，其发明的 DPOL（Direct Panel on Loom）技术，颠覆了传统的生产流程，是一种在织布机上直接生成具有完整的省道和缝份的独立服装裁片的技术。该技术将织布机与电脑相连，从电脑上对服装的裁片和图案进行设计，然后在织布机上生成可直接缝纫的单个服装裁片，织物表面的纹理和图案也直接织成。该技术去除了一般裁剪生产过程中的面料浪费，实现了零浪费设计。

4. 3D 打印技术

3D 打印技术采用量增法而非传统的量减法，省去了传统工艺的多道工序，节省了原料，基本上没有废弃物产生，也实现了零浪费。目前已有 3D 打印服装亮相时装周，同时也有一些 3D 打印的服饰面向市场，由贾尼·凯泰宁（Janne Kyttanen）和伊日·艾文辉斯（Jiri Evenhuis）在 2002 年阿姆斯特丹成立的先锋设计与研究咨询公司"自由创造（Freedom of Creation）"，是一家 3D 打印公司，其制造范围囊括了家具、服装、饰品及其他的产品。该公司开发了一种独特的链式三维结构，打印出来的产品与纺织品非常相似，引发了服装和饰品的新的可能性。目前由公司开发的链式包和女装已经实现线上销售，但价格高昂。在制鞋领域，伦敦时尚学院的毕业生库里·勒夫特在他的文学硕士时尚鞋类项目中，使用这项技术代替了传统的方法来铸造并建模以创造数字化的现代鞋跟设计。

但目前 3D 技术在服装上的应用受材料、成本、大规模生产等的局限，未来随着 3D 打印技术的快速发展，纺织新材料的不断研发，配合 3D 人体测量、CAD 等技术，该技术将对可持续服装设计带来革命性的影响。

二、平均使用寿命

通过延长服装的平均使用寿命进而实现可持续，体现的是长效设计理念。长效设计理念的源头开始于一场在意大利进行的"慢食运动"，也源于对工业化带来的快速生活节奏的思考。长效设计理念主张注重服装设计和服装行业的可持续性，合理降低生产速度和人们的消费周期，通过更加高质量、合适产量的产品获得市场和穿着者的认同，进而达到保护环境和减少资源浪费的目标。实现的主要方法包括耐久性服装设计、一衣多穿设计、情感化设计等。

1. 耐久性服装设计

耐久性服装设计是指不盲目追随流行，反快速时尚，强调经典，进而延长产品生命周期的设计。其一般特点是不追求时髦，但强调个性的表达和身份认同，大多采用质量更好的原料制作而成，其生产的周期比较长，但工艺精湛且价格较高。人们的耐久性服装可以长期穿着，因此可以降低消费者淘汰衣服、不断消费的频率，从而减少自然资源的消耗及对环境的影响，进而达到可持续发展的目的。

2. 一衣多穿设计

一衣多穿设计是从延长服装生命周期的角度考虑的可持续服装设计，使得一件衣服具有多种穿法，从而赋予服装更多的可能性，让穿着者可以根据自己的想法和需求，通过拆分或重组衣服局部等方式转变原有的服装结构，让穿着者能够切身参与服装二次创造，增强穿着者对于服装的体验感和乐趣，通过多种穿着方式满足不同消费者个性需求，延长服装的平均使用寿命。

实现一衣多穿的方法主要包括折叠、扭曲、系别，或通过拉链、纽扣、魔术扣、系带改变各部位之间的连接方式，或其他技术手段，使得服装具备不同的穿着方式。扭曲法是一衣多穿设计中常用的方法，是指通过捏、拧、缠等手法使服装的造型呈现出更多的形态，该方法强调面料拉伸变化后的悬垂感和服装造型线的美感，扭曲法设计在辅料的要求上较为简单，通常选用系带、暗扣、安全别针等配件；拆卸法也是一种较为常见的设计手法，通过拉链、魔术贴、暗扣、纽扣、系带等连接方式将衣服各个部位连接起来从而实现一种新的构成，穿着者通过将服装部件拆卸的方式改变服装原有的样态，以新的形式满足穿着者的各种着装需求。内外穿法是指在不改变服装原有的结构造型基础上有着正、反两种穿着方式，内外穿法是一种直接、简便、利用率高的一衣多穿设计方法。

一衣多穿设计主要包括多种款式的一衣多穿设计、多种品类的一衣多穿设计及多种功能的一衣多穿设计，这几种设计方法并非毫无关联，它们之间融会贯通，如服装品类的改变可能也改变了服装的功能。

（1）多种款式

通过不同的方式改变服装的款式，从而实现多种款式的一衣多穿。如品牌 DKNY 的 cozy 系列通过缠绕、打结、系别、包裹、叠搭等手法，变化出 10 多种不同款式的一衣多穿型服装。原创服装品牌 Syns 衣服的特点则是每件衣服都可以拆解并且重组，穿着者一衣多穿的同时又能体验自我实现不同穿搭的乐趣。

（2）多种品类

通过拉链、纽扣、魔术扣等连接部位的拆卸及重新组合，可改变服装的品类，这种方式可以适应不同季节、不同穿着场合的需要。品类的变化可以是不同服装品类的改变，也可以是服装与围巾、包等品类之间的改变。图 2-3 为 Adidas 与 Tom Dixon 的合作款，通过腰线的分割，使其拥有风衣、短款夹克、短裙、裤子等多种品类的可能性。

图 2-3　Adidas × Tom Dixon 一衣多穿产品

图片来源：dezeen 网。

（3）多种功能

多功能服装指的是将多种功能组合在一起，从而满足穿着者多种方面需要的服装。多功能服装拥有很多穿衣方式，而且可以达到不同的着装效果，所以提高了服装的使用频率，因此可以降低对服装的消耗，达到可持续的目的。实现多种功能，一种方法是将服装设计为局部可拆卸式的，通过服装部件之间便捷的组合拆分满足不同场景穿着需求，如通过拉链调整裤子的长短，从而满足不同温度下对裤子长短的不同需求，通过领口、帽子、袖口、袖子、口袋等部位的可拆卸，实现服装在款式方面的自由组合，进而扩展服装的功能选择。另一种方法是利用正反穿着方式实现不同的功能需求，如可逆式 Cambia T 恤，该 T 恤使用了双面材料，穿着者可以根据环境因素及个人需要正反穿戴，其中光滑的一面接触皮肤时，有助于在炎热环境中保持凉爽，当具有蜂巢结构的另一面接触皮肤时，则使身体保持干燥和温暖。

3. 情感持久设计

情感是人对客观事物满足自己需求时所产生的态度体验，可持续性服装的情感化设计直接关系着服装使用寿命，情感持久设计是基于对个人消费者需求和价值观的深入理解之上的设计，其目的是设计长期对用户有意义的产品，使其不易被丢弃，从而延长服装的生命周期。设计师需要考虑如何建立穿着者与产品之间的联系，使穿着者对产品之间形成情感依恋。情感持久设计可通过材料的情感表现、适应性设计、参与式设计、定制设计等方法来实现。

（1）材料的情感表现

材料的情感表现指通过特殊的材料加工工艺，以及不同的面料质感、颜色、肌理和图案影响消费者的情感体验，使穿着者形成产品的情感依恋。如有研究表明，消费者在高质量羊毛和皮革制品穿用的过程中，以一种令人愉悦的审美方式体验其留下来的磨损和印记，这些印记能够增加一些对穿着者而言独一无二的个性和回忆，即使是过时的服装，也会给人一种个性化的感觉，有效延长服装的使用寿命。此外，现代设计师通过面料在使用过程中产生的痕迹或变化，让穿着者获得特殊的情感体验，如牛仔布的"褪色花纹"将穿着者日益磨损的痕迹作为装饰。

（2）适应性设计

设计师乔纳森·查普曼认为："可持续服装仅仅触发消费者的购买欲望是远远不够的，还需要持续、重复的互动，延长服装使用寿命的根本方法是实现对服装的持续情感依恋。"消费者的需求和审美偏好随着时间变化而变化，因此，服装必须有足够的适应性以适应消费者审美或身体的变化。如在服装的腰部使用松紧带或绳结来适应消费者腰围的变化，或使用褶皱面料、折叠结构等设计来适应儿童成长过程中的身高变化。此外，还可以通过使用辅助材料、更改材料特性、重新组合设计等方法增强服装的适应性。

（3）参与式设计

参与式设计强调由设计师和穿着者共同参与设计，从而在穿着者和服装之间建立起沟通与互动关系，使穿着者更容易形成对服装本身的情感依赖，从而延长服装的穿着寿命。穿着者通过"由我创造"的设计方法，不仅能以服装为载体表达个人喜好和情感需求，创造积极的消费体验，同时还可以使消费者对服装的设计理念或制作工艺有更深入了解，当服装破损或流行性减弱时，可亲自动手改造，从而延长服装的生命周期。其方法包括为设计提供故事和记忆，或使消费者自己动手搭配各种造型等。

（4）定制设计

定制设计能增强产品的独特性和与消费者的匹配度，从而增强其情感联系，提高穿着者对服装产品的满意度和情感依恋，从而延长了服装的穿着周期。个性化设计师通过了解消费者需求，采取差异化设计策略，设计出满足消费者期望的服装，不仅具有功能性，还能体现消费者的品位、偏好和个性。定制设计也可以和参与式相结合，消费者可以将其本身的创造力和偏好融入产品设计中，也可以将独特的个人记忆转化为产品。成立于2008年的网络平台PROPER CLOTH推出的线上定制服务，允许消费者自主选择衬衫的面料、各部位的风格及详细的尺寸，从而使消费者拥有一件合体且独特的衬衫。

三、易加工性

易加工性主要体现循环设计的思想，循环设计是指对废弃物品或服装进行再次设计，重新构成新的服装衣片和衣服的过程，在此过程中，要考虑废旧材料在重新利用及重新构造中的易加工性，从而更好地实现循环利用。在"从摇篮到坟墓"的服装生命周期中，弃置阶段的服装往往会被填埋或者焚烧，不仅消耗能源和资源，而且造成土壤和空气的污染，而在"从摇篮到摇篮"的循环发展模式中，废物即宝物，对废弃服装进行重新利用从而赋予其价值与生命，通过完成闭环式设计实现真正的可持续目标。因此，不论是从经济还是生态环境的角度出发，服装的循环升级设计都具有很重要的现实意义。值得注意的是，循环升级设计并不完全是被动的状态，设计师在设计之初就应该充分考虑怎样的设计更加便于产品的回收利用，考虑其易加工性，如减少零部件的种类、更易拆卸的各部件连接设计、简单的结构等方式，使产品易于回收和再利用，从而最大限度地节约能源资源和保护环境。在对废弃材料及废弃面料的循环设计过程中，也需要考虑这些材料的易加工性，一方面可避免循环利用过程中所造成的环境污染及资源浪费，另一方面易加工性也为大规模生产提供可能。服装循环设计根据选择材料的不同，主要分为非纺织品类废旧材料的循环升级利用、服装废料的升级再造及废弃衣物的重新构造等。

1. 非纺织品废旧材料的循环升级利用

将生活废旧材料及其他工业材料通过回收、清洗、再整理等技术手段重新制造成纤维，用于服装设计。该方式重新赋予非服装类废旧材料新的生命，实现废旧材料的可持续循环利用，但同时也需考虑在其循环利用的过程中产生的能源与资源消耗，以及对环境造成的可能影响。

目前非纺织品废旧材料的循环利用包括工业废弃物再造和生物废弃物再造。工业废弃物再造是指以工业塑料的废弃物、织物废料、海洋垃圾、尼龙纤维生产的衍生物等废弃物为原料，通过清洗、分块、提纯等步骤处理而制成的全新材质。日本帝人集团早在 20 世纪 90 年代末就开始研究聚酯产品的化学回收技术，研发了独创的"ECO CIRCLE"技术，再生率可达 100%；巴塔哥尼亚公司自 1993 年发明来源于再生饮料瓶的起绒织物，成为生产环境友好型户外服装的先驱；李维斯在 2013 年首次推出 Levi's® Waste<Less™ 项目，用回收的 79 万个塑料瓶加工了卡车司机夹克和紧身牛仔裤，截至 2014 年底，李维斯已用 108 万个回收瓶加工出 1 万件服装。生物废弃物再造指的是以动物废弃物、排泄物，植物落物等为原料，通过提纯而制作出相应纤维等材质。设计师比利·范·卡特维克（Billie van Katwijk）将牛的内脏器官如毛肚、百叶之类通过清洗、植鞣、染色的方式，处理成拥有独特天然纹理的材质，并将它裁剪、缝纫，改造成纯天然的包袋，变废为宝。

2. 服装废料的升级再造

服装升级再造是指设计师通过创意想法，将原有的服装废料回收、创造出更高价值的产品。服装废料主要包括库存服装面料、卷轴末端布料、样衣面料、有瑕疵的面料等，设计师通过编织、拼接、装饰、镂空等方式将回收纺织品改造得更具有艺术性，借此提升服装价值。

美国俄勒冈州成立的 Looptworks 公司是一家坚持服装升级再造理念的公司，其产品不使用全新的布料，而是精选其他制衣厂的高质量剩余边角料来制作服装；由宁·卡斯尔（Nin Castle）和菲比·爱默生（Phoebe

Emerson）创立的英国品牌 Goodone 旨在把原本用于垃圾填埋的纺织废料重新设计成时装；From Somewhere 是另一个于 1997 年成立的英国可持续设计师品牌，以将废弃边角料设计成高品位的服饰品称著，在业界颇具影响力。美国品牌 Alabama Chanin 是艺术家娜塔莉·查宁（Natalie Chanin）创立的循环时尚品牌，该品牌擅长用多种面料改造方法，结合手工线迹，改造出更具价值感的时尚产品。

3. 废弃衣物的重新构造

重新构造是指将废弃的二手衣物、库存服装等通过再设计，将其转化为一件新的可再穿的服装。重新构造可以对废物进行循环收集和再次利用，这样节约了环境资源，顺应了可持续发展理念，但该方式对设计师的能力以及相关配套产业链都提出了更高的要求，同时如何应用此方式进行大规模的升级利用也是面临的一个问题。

1997 年成立的英国品牌 Junky Styling，主要以回收高质量的库存服装和二手衣物为原料，通过重组、解构，将之改造成富有艺术性的服装。韩国品牌 "Re；code" 是近年亚洲地区迅速崛起的新晋时尚品牌，旨在提供新奇、优质又环保不浪费的时尚设计，从而践行可持续时尚；日本品牌 Needles 旗下的改造产品线 Rebuild by Needles，把各种旧衣物重新拼造成新衣服，其产品个性十足并富有年代感，深受一些潮流 Icon 及国内外年轻人的青睐；设计师张娜创立的品牌 "FAKE NATOO"，旨在基于重组再用的设计原则，将旧衣重塑成时髦新装，设计师希望通过发掘旧衣物的故事，进而重组再设计，她所创立的再造衣银行（Reclothing Bank），运用现有的废旧服装，通过设计师的创意进行重新的拆卸重组设计，从而赋予废旧服装新的生命；2010 年美华氏创立的中国品牌 First Edition 以解构设计为特色，将古着打散重构，重塑出独一无二的潮流服饰；闲衣库发起人崔涛则对库存服装进行升级再造，减少库存服装对环境的影响，从而实现可持续设计。

第四节　可持续设计案例

ICICLE 之禾创立于 1997 年，是中国环保时装的先行者。ICICLE 基于"天人合一"的古老东方思想，致力于寻求人与自然的和谐共生，创造舒适、环保的当代时装。ICICLE 之禾认为可持续的时装既呵护身心，也关爱环境，身、心、自然交织在天然衣装之中，人与自然合为一体，共生共息，既尊重环境，又展现当代人的优雅。ICICLE 之禾的可持续设计主要体现在以下几个方面。

一、可持续材料的选择

在可持续材料的选择和使用方面，ICICLE 之禾主要通过选择天然环保材料、环保的染色工艺、天然鞣剂、可降解衣架和包装等方式来实现。

1. 天然环保材料

羊绒、羊毛、亚麻、真丝和棉是 ICICLE 之禾开发时装所使用的核心材质，所选择的面料均需符合 ICICLE 严格的选择标准。ICICLE 在面料选择上重视全球有机纺织品标准 GOTS 认证，通过有机棉的选择体现其可持续理念；在丝麻的选择上会考虑 OEKO–TEX 认证的丝麻混纺纱线；在羊毛的选择上则会考虑是否符合有机羊毛的标准；推出的环保牛仔面料则部分使用有机棉、BCI 棉或回收纱线制成，从而实现其面料的可持续性。

ICICLE 之禾在辅料的选择上也践行着可持续设计的理念。尽可能选择天然辅料，绝大多数纽扣使用天然牛角扣、贝壳扣、椰壳扣或金属扣。在处理配件上的金属部件时，ICICLE之禾不使用电镀工业中常用的重金属镍，从而避免重金属对环境的污染。

2. 环保的染色工艺

在产品的色彩方面，ICICLE之禾通过选择原色的原材料来体现其可持续理念，原色亚麻、原色羊绒等材料呈现本色的同时，可以减少漂白与染色所使用的化学药剂，从而减少对环境的污染。如ICICLE之禾选用的雨露麻，是将收获后的亚麻，置于田间野外，历经雨水浸沤，获得皮层麻纤维，不经过化学沤麻染色加工，呈现自然原麻色，同时会因为采收当年的气温高低而呈现出不同深浅的麻色。

在面料的染色方面，ICICLE之禾一直着眼于天然植物染料的研究与使用。植物染产品采用由蓝草、洋苏木、胡桃木、杉木、洋葱、石榴皮、普洱茶叶等天然植物色剂染色。谷物染则提取天然谷物成分进行染色，经过水洗加工后可产生自然风格色调。

3. 天然鞣剂

ICICLE之禾在配饰的鞣剂选择中也尽可能避免对环境的危害，在植鞣革系列的配饰中，为了避免鞣制过程对环境的危害，使用栗子、松柏等植物提取的手工鞣制，这样避免了重金属鞣制过程中对环境的危害。

4. 可降解衣架和包装

ICICLE之禾使用由玉米淀粉制作的可降解衣架，在门店中使用玉米淀粉衣架，减少使用实木衣架，降低对木材的消耗，同时杜绝在门店使用塑料衣架。使用全棉坯布取代非降解材料作为主要防尘工具。ICICLE之禾零售终端还使用了可降解的甘蔗纸浆包装盒，将对环境的影响降到最低。

二、材料利用率

由于针织对于材料的利用率非常高，因此ICICLE之禾在提高材料利用率方面，主要通过无缝针织技术来实现。随着科技的发展，ICICLE 之禾的无缝针织技术已颇为成熟，这种新型技术，可以一次性立体编织整件服装，无需裁剪与缝制，极大地提高了材料的利用率。该技术不仅使制造过程高效全自动，而且令穿着者行动自如。创作的灵活、原料的节约、繁重劳动的解放，这一切赋予了针织品在未来的无限可能性。

三、平均使用寿命

ICICLE 之禾在延长产品的平均使用寿命方面，主要通过设计经久耐用的产品得以实现。ICICLE 之禾定位于环保自然，不追逐潮流，不做缺乏实穿性的设计，反对过剩设计，在设计中寻求纯粹的简约，充分考虑穿着者的定位及穿着场合，打造款式经典耐看、品质优良的产品。每件产品在设计上都独具匠心，加以精工细作，使产品有着长久的美学生命力。2020年 4 月，ICICLE 之禾与全世界 16 个品牌共同加入牛仔裤再造指南，该指南对服装耐用性提出最低标准的要求，从而确保延长牛仔裤的使用寿命。ICICLE 之禾推崇持久耐用的设计，而非即穿即弃，从而最大限度地延长了产品的平均使用寿命。

四、易加工性

这里的易加工性主要体现循环设计思想，ICICLE 之禾在这方面的努力主要集中于关注服装废旧材料的升级再造及废旧衣物的重新构造。

1. 服装废旧材料的再次利用

ICICLE 之禾重视服装生产过程中所产生的边角料的分类回收，通过获得政府认可的第三方进行二次加工，制作成能够被再次利用的商品。2019春夏，ICICLE 之禾首次发布《自然就好玩》限量合作环保系列，秉承惜物之心，利用品牌高品质成衣制造所产生的余料，以原色羊绒、原色亚麻、环保种植棉、植物染亚麻与真丝、蓝印花布为代表，以"物尽其用，物尽奇趣"为出发点，设计充满童趣且兼具优雅与实用性的 19 款限量商品，旨在最大程度地利用优质的天然面料，以惜物精神实践可持续的环保理想。

2. 废旧衣物的重新构造

在废旧衣物的重新构造方面，ICICLE 之禾关注如何使牛仔服更易于循环再生。ICICLE 之禾已正式加入"牛仔裤再造指南（The Jeans Redesign）"，该指南来自专注于促进循环经济发展的慈善机构艾伦·麦克阿瑟基金会（英国）的"循环时尚"倡议，它对面料安全性、可回收性和可追溯性均提出最低标准的要求。这些要求基于循环经济原则，旨在确保牛仔裤更易于循环再生，并以更有利于环境和服装工人健康的方式进行制造。

ICICLE 之禾一直在积极践行和推动着可持续设计理念，在天然环保材料、环保的染色工艺、天然鞣剂、可降解衣架和包装、无缝针织技术、经久耐用的产品、服装废旧材料的再次利用、废旧衣物的重新构造等方面做出了很多探索与研究，相信未来 ICICLE 之禾会致力于更多的可持续设计理念与方法的探索，给可持续服装的生产带来更多的启示。

第三章
可持续生产

第一节 可持续生产的内涵

可持续生产是实现可持续发展的基础。树立可持续生产的经营理念，既能增强企业的社会责任感，也是企业自身发展的需要（王玉，1999）。很多学者从可持续发展的定义出发，提出可持续生产是企业在满足现代消费者的需求和期望的同时不损害子孙后代满足自己需求和期望的能力（曹凤中，1995；王玉，1999）。相较于"绿色生产""绿色制造"等概念，可持续生产具有更广泛的含义，既包括企业在生产活动中避免各种浪费、降低资源和能源消耗，减少对环境的污染与破坏（王玉，1999），也包括企业作为社会公民应承担各项社会义务。

生态文明的产生与发展为可持续生产的提出提供了契机。工业文明下，人们一味重视经济总量的增长，不重视经济与社会、自然的和谐共赢，造成了社会的两极分化、自然资源的短缺、环境的污染和生态的破坏。企业仅重视生产的扩大，将对资源、能源的利用及对自然环境的破坏看作人类生产活动的必然代价。而在生态文明下，人们认识到人类的发展建立在人与自然和谐相处的基础上，人类活动不能超越自然的极限，必须减轻对环境的伤害。可持续的生产方式就是在关注生产增长的同时，还关心社会的和谐进步、资源的节约和环境的保护，实现经济、社会、自然的和谐共赢（夏传勇、张曙光，2010；段钢，2015）。

夏传勇、张曙光（2010）指出，作为一种顺应可持续发展要求，以经济、社会、自然的和谐共赢为目标的生产方式，可持续生产对生产组织提出了更高的要求。从经济维度来说，为适应产品需求个性化和多样化的发展趋势，保证快速产品创新，实现生产的"敏捷化"，生产组织就必须实现"柔性化"；从环境维度来说，为避免资源利用率低、废物产生率高等环境问题，就必须改进生产流程，提高资源综合利用率和循环使用率，进而实现生产过程中物质和能源消耗的"减量化"；从社会维度来说，生产组织应该为人的全面发展服务，发挥人的能动性，培养人的创造性，同时追求与社会文化环境的融合。

那么，企业如何在实际生产活动中做出改进以达到生产的可持续性？可持续生产指标体系可以提供一个思路框架。王鑫、安海蓉（2004）指出，可持续生产指标体系应该包括能源和原材料的应用、自然环境、经济有效性、社会公正性及整个产品的生命周期。一般来说，可持续生产指标体系可以包含5个部分：

①企业合规性，即企业遵守有关社会和环境规章制度及标准的程度，如违反规章次数、职工接受危险品安全培训次数等。

②原料使用及行为，即企业投入产出情况及有关行为，如单位产量／产值产品能源消耗量、安全生产天数等。

③外部影响，即企业对环境、公众健康、社区发展及经济有效性方面的影响，如温室气体排放量、危险品处置等。

④供应链及产品生命周期管理，即超越企业边界，掌握从产品原料供应到产品分配、使用及最终处理的整个过程中供应商、分销商及最终用户的环境和社会影响。包括循环利用／回收的产品比例、供应商接受安全培训的比例、主要原材料运输过程中温室气体的排放量等。

⑤可持续体系，即企业对整个社会可持续发展的适应程度。可持续生产不是一个企业孤立的行为，而是整个社会经济、环境及社会行为的一部分。可持续体系从长期来判断企业产品对人类生活质量及发展带来的影响。

第二节　纺织服装企业可持续生产相关指引

一、纺织服装企业可持续生产行为准则

就纺织服装企业来说，企业生产活动的可持续性具体体现在哪些方面？生产可持续性应该包含哪些具体的行为准则？2005年，中国纺织工业联合会首次发布了中国纺织企业社会责任管理体系（CSC9000T，China Social Compliance 9000 for Textile and Apparel Industry）❶，提出了企业建立社会责任管理体系的方法及企业应遵循的社会责任行为准则，为我国纺织服装企业建立可持续生产体系提供了具体指引。CSC9000T吸收了ISO 26000《社会责任指南》和《联合国工商业与人权指导原则》等社会责任标准和倡议的核心理念和原则要求，借鉴了ISO 9001:2015和ISO 14001:2015以及ISO 45001等管理体系的基本方法和新发展，并在实体要求上为与其他社会责任和可持续性标准体系的兼容和互认提供了可行性（中国纺织工业联合会，2018）。

为推动我国纺织服装企业的可持续发展，CSC9000T的核心目标在于引导我国纺织服装企业在企业战略、制度、运营和业务关系中全面、系统地关注自身的各种影响，回应各利益相关方的利益和期望，科学、持续、系统地履行对社会、环境和市场秩序的责任，做到尊重人权，改善劳动条

---

❶ CSC9000T于2008年和2018年做了两次修订。

件，保护环境，维护市场秩序，构建公平、有效的国际供应链和价值链，在提升企业和行业竞争力的同时实现企业、行业与社会的共同可持续发展（中国纺织工业联合会，2018）。

　　CSC9000T从人本责任、环境责任和市场责任三个方面制定企业社会责任行为准则。人本责任要求企业遵循以人为本的原则，尊重员工、消费者和社区其他人员的权利，促进企业与人的协调发展。环境责任以最小化企业对环境的负面影响为目标，要求减少污染，节约资源，降低温室气体排放，适应气候变化，确保企业与环境生态的可持续发展。市场责任要求企业基于自身和整个社会的可持续发展，致力于负责任的创新，促进公平运营，加强供应链管理，实现企业与其他市场主体和利益相关方的共赢发展。CSC9000T关于可持续生产方面的行为指引主要包括污染、资源和气候变化等环境维度；员工权利与员工发展维度；产品或服务维度；以及创新、经营和供应链等经营维度，具体如表3-1所示。

表3-1　CSC9000T中可持续生产相关行为准则

可持续生产相关维度	行为准则
污染	遵守污染排放相关的法律法规，包括依法获取、维护并更新必需的环境许可和资质，并遵守相关运营和信息披露要求。 　识别污染源，并从源头上或通过改进生产工艺和设施、替换材料等方法预防和减少有害物质的使用和污染的产生。 　确保污染物达标排放，并逐步减少污染物种类和排放总量，提高排放标准。 　确保化学品，尤其是危险物质的运输、存储、使用、回收、排放、处理与销毁的程序与标准达到适用的最高法律标准
资源	在经营活动、产品或服务中，采取资源效率措施，减少对能源、水和其他资源的使用和废物的产生。 　基于全生命周期的产品设计和管理，提高资源的利用率，尤其是纤维材料的再利用和资源化水平。 　在可行时，提供有关产品和服务的可持续性信息，方便消费者了解产品或服务的资源利用特性和可持续性资质，支持可持续消费
气候变化	通过采用清洁能源和清洁技术，参与开发利用可再生能源，参与节能自愿协议等方式，在企业控制范围内逐步减少直接和间接的温室气体排放。 　识别气候变化可能给自身及利益相关方带来的影响，并采取必要措施适应气候变化

续表

可持续生产相关维度	行为准则
员工权利*	避免歧视；保障民主权利；不雇佣未成年人；不强制劳动、体罚或骚扰；依法订立和解除劳动合同；保证休息；支付工资和福利待遇；不逃避劳动和社会保障法规的义务；职业健康和安全保障
员工发展*	培训；晋升；心理健康；文化和社会生活
产品或服务	确保提供的产品或服务符合所有议定或法律规定的健康与安全标准，包括与健康警告和产品安全信息有关的标准。 提供关于产品或服务价格、成分、安全使用、环境属性、维护和处置的准确清楚的信息，足以使消费者做出知情决定
创新	从自身业务特点出发，围绕解决经济社会发展所面临的问题及促进可持续发展的需求，开展负责任的技术、产品和服务创新、经营模式创新和管理创新。 充分利用信息技术，推进信息化与工业化深度融合，将各类创新有机结合，促进产业转型升级
竞争	将公平、诚信作为生产经营和市场竞争的基本原则，并积极参与行业和区域层面的诚信机制。 尊重和保护产权，包括企业自身和他人的知识产权和专有技术等。 反对市场垄断等不正当竞争行为，并且不通过恶意压低价格和损害竞争对手等方式来获取竞争优势。 预防和惩治在商业经营和利益相关方关系中的商业贿赂和其他腐败行为
供应链	将本 CSC9000T 行为准则的要求作为选择供应商和承包方的条件，并利用信息共享、技术指导、能力培训和供应商评价等方式协助其达到这些要求。 强化采购、生产和技术支持等部门之间的协调，减少供应链社会责任目标与商业目标之间的竞争和冲突，同时提高供应链透明度。 与供应链各方建立有关社会责任议题的沟通机制，促进共担责任与风险，共享价值与发展的协作机制与合作行动

注："*"项为作者概述，详细内容参见《CSC9000T 中国纺织企业社会责任管理体系》。

二、纺织服装企业可持续生产绩效指标

在行为准则的基础上，企业是否履行了其环境和社会责任，做出了哪些努力并取得了怎样的效果，已经成为评价企业的重要维度之一。进入 21 世纪以来，企业竞争由过去的纯粹以利润为导向逐步演变为包含环境和社

会责任的全面综合竞争。越来越多的企业意识到，可持续责任的履行会提升企业的综合竞争力，并开始自愿披露企业经营活动所产生的经济绩效、环境绩效和社会绩效等非财务信息，企业社会责任报告成为检验和监督企业履行社会责任情况的重要依据（吴丹红，2010）。通过对劳工实践、环境保护、客户关系、公益慈善和公司治理等方面投入与实施情况的描述，企业社会责任报告向利益相关者传递着企业可持续发展能力的重要信息（段钊等，2017）。

1. 企业社会责任（CSR，Corporate Social Responsibility）报告相关指标

2008 年，中国纺织工业协会制定《中国纺织服装企业社会责任报告纲要》（CSR-GATEs，China Sustainability Reporting Guidelines for Apparel and Textile Enterprises），成为我国国内第一套关于社会责任报告的指标及规范体系，也是我国第一个行业性的关于社会责任绩效披露制度的指导文件（全球纺织网，2008）。CSR-GATEs 从产品安全与消费者保护、劳动者权益保护、节能减排与环境保护、供应链管理与公平竞争、社会发展及社会公益五个方面提出企业社会责任绩效披露的指标。其中，涉及生产可持续的绩效指标（表 3-2）包括：

①节能减排与环境保护，包括制度建设、原材料使用、清洁生产、能源、水资源、污染物、温室气体、检测及环保设备、循环利用及生物多样性等方面的指标。

②产品安全与消费者保护方面的指标。

③劳动者权益保护，包括员工总数及流动率、劳动合同、童工及未成年工、强迫劳动、工时、工资、福利、民主权利、非歧视和防治惩戒、员工关怀及职业发展及职业健康与安全等方面的指标。

④供应链中采购商和供应商方面的指标。

表 3-2　CSR-GATEs 中可持续生产绩效指标

指标名称	指标内容
节能减排与环境保护	制度建设：企业的环境管理体系及环境保护方针、环境保护机构建制以及环境保护能力建设机制；对管理层及员工的环境保护宣传与培训的次数及覆盖率，尤其是耗能设备操作岗位人员的培训率
	原材料使用：分种类统计的原材料使用量及可循环或再造材料的比例
	清洁生产：企业所采用的清洁生产工艺，以及停止生产、销售或使用的法律法规规定淘汰的用能产品和用能设备；企业设备和工艺的资源利用率、废弃物综合利用技术和污染物处理技术
	能源：按主要能源种类划分的各类一次能源消耗与二次能源消耗；工业增加值能耗，每单位产出耗能量及其变动；通过采取节能措施以及提高能源利用效率所节约的各类能源的总量；使用替代能源与再生能源而节约的能源总量
	水资源：使用原水的总量及单位产出耗水量；循环利用水及再生水的总量及所占比例
	污染物：企业的排污申报登记情况说明及企业各主要污染物排放总量控制指标；企业各主要污染物的实际排放量及依据类型、处理方法的分类统计；企业排放的污染物稳定达到国家排放标准的比例；单位工业产值主要污染物（包括工业废水排放量、化学耗氧量、二氧化硫、烟尘）排放量、浓度和去向，以及单位工业增加值主要污染物排放强度
	温室气体：温室气体排放总量及控制指标；控制温室气体排放的措施及其效果统计
	检测及环保设备：企业主要排污口安装主要污染物监控装置的情况及运行情况说明；企业环保设施配备率及正常运转率
	循环利用：企业废物（废水、废气、废渣）综合利用率，包括工业固体废物处置利用率、工业危险废物处置利用率；产品包装物和容器的回收利用率
	生物多样性：企业的选址（或新投资地区）及运营对当地生物多样性，尤其是自然资源及濒危物种的影响，以及企业建设和生产过程中所实施和采用的水土保持措施与设施
产品安全与消费者保护	产品安全：企业的产品安全方针及适用的检验状态；对主要产品和服务的生命周期评价及其对产品安全和健康的影响；生产所使用的原料、辅料以及化学试剂等符合国家法律法规和强制性标准的情况的说明；企业建立并执行的进货检查验收制度的简要说明；主要产品的主要安全因素及生产流程中的安全控制方法；企业对产品进口国（地区）的安全与安全标准的识别或相关的合同要求的遵循情况；企业有关产品安全的企业检测、抽查制度及报告期内的抽查合格率；产品安全的国家抽查合格率及送检合格率
	消费者保护：企业的产品召回制度说明及召回次数及产品数量；获得消费者关于产品安全、健康情况信息的渠道，以及基于安全问题的退货率及消费者投诉次数及处理情况的统计

续表

指标名称	指标内容
劳动者权益保护	员工总数及流动率：按照年龄段、性别、来源地区、教育程度及用工类型对员工总数的划分；有境外分支机构的企业的当地用工总数与所占比例及当地高层管理人员数量；员工流动率按照年龄段、性别及来源地区和教育程度的细分 劳动合同：员工的劳动合同签订率及现行有效的劳动合同按照合同期限的细分，以及固定期限合同的期满续签率；中长期合同（合同期3年及以上）在签订的固定期限合同中的比例；劳动合同条款的合法性说明及协商方式；企业按照法律规定或合同约定而与之解除或终止劳动合同的员工人数；向其支付经济补偿金的解聘员工人数及经济补偿金总数 童工及未成年工：企业禁止与预防童工的方针与程序说明、发现的童工总数以及救济上述童工的支出总额；未成年工的数量、所在工种、企业为其提供的职业健康与安全培训以及对未成年工体检的费用投入 强迫劳动：企业对强迫或强制劳动的政策、接收到的强迫或强制劳动投诉与举报数量及处理情况的说明 工时：正常工时制度下，生产线员工的月平均工作时数、其中的加班时数及日平均加班时数；如果实行综合计算工时制，生产线员工在综合计算期间的日平均工作时数及周平均工作时数；生产线员工平均享受的休息日（包括法定节假日及带薪年休假）；企业的劳动定额制度说明及主要的劳动定额指标 工资：企业劳动工资总额占企业总支出的比例、男女员工基本工资的分类统计、企业最低档基本工资超过当地最低工资标准的比例，以及平均每月支付的加班费总数；员工工资依法按时足额发放的比例；员工工资的增长计划，尤其是随企业利润成长而增长的比例 福利：员工享受病假、婚丧假及产假的案例数及占员工人数的比例；员工福利待遇支出的分类统计、各类津贴的分类统计；员工各项福利及津贴的分类覆盖率统计；员工社会保险支出的分类统计，包括保险种类、支付金额及分类覆盖 民主权利：企业内工会组织或职工代表组织的设立、选举、组织变更等情况；企业内的工会会员数量、召开会员大会或者会员代表大会的次数，或召开职工代表大会的次数；集体协商的次数，协商决议所决定的重大问题及其所涉及的员工的比例；设有工会的企业向工会拨缴的经费，以及本企业的工会组织活动开支的分类统计；企业与工会或员工代表协商签订集体劳动合同的情况说明或集体合同发生的重要变更；工会或职工代表组织开展的员工的企业满意度评测结果 非歧视和防治惩戒：企业内少数民族员工、残疾员工、外籍员工数量及所占比例；企业为保障少数民族员工和各种宗教教徒员工的民族习俗和宗教习惯所提供的便利措施；企业接收的员工因民族、种族、性别、宗教信仰等不同而在薪酬福利、培训、晋职、解聘、退休或续订劳动合同等方面受到歧视的投诉和举报数量与处理结果；企业接收的员工关于骚扰（包括性骚扰）、体罚、虐待、不适当的惩戒措施的投诉和举报数量与处理结果；企业关于防止歧视行为和防治骚扰与虐待的制度，以及企业对管理者和员工开展的有关培训、宣传及其覆盖率 员工关怀及职业发展：企业在员工关怀及员工职业发展方面的主要做法和投入情况，包括相关技能与知识的培训次数、时间和覆盖率；报告期间企业在改善员工工作环境及生活条件（宿舍、食堂、文体设施等）方面的总投入及类别细分，包括员工的平均居住面积

续表

指标名称	指标内容
劳动者权益保护	职业健康与安全：企业对职业健康与安全的危险辨识、风险评估和风险控制的措施以及报告期间企业内的主要危险源个数及控制；企业负责人安全生产资格证及企业安全人员资格证申领率及变更情况；特种作业人员持证上岗率、特种设备的定期检验率及更新率；发生的各等级安全事故及其处理情况，尤其是重特大火灾事故、重大设备事故、交通事故、化学品伤害事故和集体中毒事故的次数；工伤事故次数及工伤率、因工致残或重伤率、职业病率、误工率以及因工死亡人数及死亡率；传染病、艾滋病以及其他流行性疾病的发病率，企业关于此类疾病的培训、宣传及其覆盖率
供应链管理	采购商方面：企业主要的采购商、其主要的社会责任要求及进行工厂查验的采购商的比例；企业接受的采购商工厂查验的次数、以订单数或供货量计算的社会责任查验的覆盖率；采购商提供给企业的社会责任相关的技术援助或指导的次数及其与工厂查验总次数的比率；企业在工厂查验方面的总投入及其所占生产成本的比例 供应商方面：企业选择供应商的社会责任条件与要求，及满足条件的供应商的比例；按照采购种类统计的企业供应商的数量构成及包含社会责任条款或要求的采购协议的数量及比例；企业对其供应商进行的社会责任指导或技术援助次数及效果

资料来源：根据《中国纺织服装企业社会责任报告纲要（2008 年版）》整理。

2. 上市公司环境、社会和公司治理（ESG, Environment, Social and Governance）报告相关指标

ESG 是一种关注企业环境、社会、治理绩效而非财务绩效的企业评价标准。2006 年，高盛公司发布了一份 ESG 研究报告，较早地将环境、社会和治理概念整合在一起，明确提出 ESG 概念。此后，国际组织和投资机构将 ESG 概念不断深化，针对 ESG 的三个方面演化出了全面、系统的信息披露标准和绩效评估方法，成为一套完整的 ESG 理念体系。ESG 有三个价值支柱：环境责任、社会责任和公司治理责任。环境责任是指公司应当提升生产经营中的环境绩效，降低单位产出带来的环境成本；社会责任是指公司应当坚持更高的商业伦理、社会伦理和法律标准，重视与外部社会之间的内在联系，包括人的权利、相关方利益及行业生态改进；公司治理责任是指公司应当完善现代企业制度，围绕受托责任合理分配股东、董事会、管理层权力，形成从发展战略到具体行动的科学管理制度体系（中国证券投资基金业协会、国务院发展研究中心金融研究所，2020）。

本部分以香港联合交易所《环境、社会和治理指引》（以下简称《指引》）为例，聚焦其可持续生产相关指标。香港联合交易所于 2012 年出台，并于 2015 年底和 2019 年底两次修订《指引》。2015 年将一般披露责任由"建议披露"提升至"不遵守就解释"，于 2016 年 1 月 1 日开始执行。2019 年将部分半强制（"不遵守则解释"）披露指标升级为强制披露指标，新增有关气候变化的层面，同时修订了一些环境和社会关键绩效指标，提升了社会关键绩效指标的披露责任，将所有社会指标从第二版的"自愿披露"提升为"不遵守则解释"，以"强调环境与社会风险应被平等对待"，并于 2020 年 7 月开始实施（郭沛源，2019）。

《指引》中的环境关键绩效指标包括排放物、资源使用、环境及天然资源、气候变化四个层面，其中关于可持续生产的具体指标如表 3-3 所示。

表 3-3　编制 ESG 报告的可持续生产相关环境关键绩效指标

指标名称	指标内容
层面 A1：排放物	A1.1 排放物种类及相关排放数据 [a]
	A1.2 直接（范围 1）及能源间接（范围 2）温室气体 [b] 排放量（以吨计算）及（如适用）强度（如以每产量单位、每项设施计算）
	A1.3 所产生有害废弃物 [c] 总量（以吨计算）及（如适用）强度（如以每产量单位、每项设施计算）
	A1.4 所产生无害废弃物总量（以吨计算）及（如适用）强度（如以每产量单位、每项设施计算）
	A1.5 描述所订立的排放量目标及为达到这些目标所采取的步骤
	A1.6 描述处理有害及无害废弃物的方法，及描述所订立的减废目标及为达到这些目标所采取的步骤
层面 A2：资源使用	A2.1 按类型划分的直接及 / 或间接能源（如电、气或油）总消耗量（以千个千瓦时计算）及强度（如以每产量单位、每项设施计算）
	A2.2 总耗水量及强度（如以每产量单位、每项设施计算）
	A2.3 描述所订立的能源使用效益目标及为达到这些目标所采取的步骤
	A2.4 描述求取适用水源可有任何问题，以及所订立的用水效益目标及为达到这些目标所采取的步骤
	A2.5 制成品所用包装材料的总量（以吨计算）及（如适用）每生产单位占量
层面 A3：环境及天然资源	A3.1 描述业务活动对环境及天然资源的重大影响及已采取管理有关影响的行动

续表

指标名称	指标内容
层面 A4：气候变化	A4.1 描述已影响及可能对发行人产生影响的重大气候相关事宜，及应对行动

ᵃ 废气排放包括氮氧化物、硫氧化物及其他受国家法律法规管制的污染物。
ᵇ 温室气体包括二氧化碳、甲烷、氧化亚氮、氢氟碳化物、全氟化碳及六氟化硫。
ᶜ 有害废弃物为受国家法律法规管治的废弃物。

资料来源：根据香港联合交易所有关环境、社会及管治的指引文件整理。

《指引》中的社会关键绩效指标包括雇佣、健康与安全、发展及培训、劳工准则、供应链管理、产品责任、反贪污和社会投资八个层面，其中与可持续生产有关的六个层面的具体指标如表 3-4 所示。

表 3-4　编制 ESG 报告的可持续生产相关社会关键绩效指标

指标名称	指标内容
层面 B1：雇佣	B1.1 按性别、雇佣类型（如全职或兼职）、年龄组别及地区划分的雇员总数
	B1.2 按性别、年龄组别及地区划分的雇员流失比率
层面 B2：健康与安全	B2.1 过去三年（包括汇报年度）因公亡故的人数及比率
	B2.2 因工伤损失工作天数
	B2.3 描述所采纳的职业健康与安全措施，以及相关执行及监察方法
层面 B3：发展及培训	B3.1 按性别及雇员类别（如高级管理层、中级管理层）划分的受训雇员百分比
	B3.2 按性别及雇员类别划分，每名雇员完成受训的平均时数
层面 B4：劳工准则	B4.1 描述检讨招聘惯例的措施以避免童工及强制劳工
	B4.2 描述在发现违规情况时消除有关情况所采取的步骤
层面 B5：供应链管理	B5.1 按地区划分的供应商数目
	B5.2 描述有关聘用供应商的惯例，向其执行有关惯例的供应商数目，以及相关执行及监察方法
	B5.3 描述有关识别供应链每个环节的环境及社会风险的惯例，以及相关执行及监察方法
	B5.4 描述在选择供应商时促使多用环保产品及服务的惯例，以及相关执行及监察方法
层面 B6：产品责任	B6.1 已售或已运送产品总数中因安全与健康理由而须回收的百分比
	B6.2 接到关于产品及服务的投诉数目以及应对方法
	B6.3 描述与维护及保障知识产权有关的惯例
	B6.4 描述质量检定过程及产品回收程序

资料来源：根据香港联合交易所有关环境、社会及管治的指引文件整理。

第三节 我国纺织服装企业可持续生产实践

一、我国纺织服装企业可持续生产相关举措

我国是全球纺织服装产业链条中最主要的生产者，纺织服装生产的可持续性备受关注。随着绿色发展理念的提出以及环保法规的强化，加之海外品牌商对供应链可持续生产要求的提高，我国纺织服装企业越来越注重生产的可持续性，在质量管理、环境管理、职业健康安全管理等方面加大投入，全行业的可持续发展能力逐步提升。

Yang（2019）在对我国 86 家纺织服装生产企业的企业社会责任（Corporate Social Responsibility，CSR）和环境、社会和公司治理（Environment，Social and Governance，ESG）报告进行分析后发现，我国纺织服装生产企业的可持续发展举措可归纳为环境保护、诚信经营、社会公益和劳动者关系四个方面。其中，涉及可持续生产的相关举措包括企业在环境保护、产品质量、员工权益方面所做的努力，如表 3-5 所示。

表 3-5 我国纺织服装企业可持续生产相关举措

可持续生产相关维度	相关举措内容
环境保护	遵守环境相关法律、法规、政策
	排放监测和检测（如水质、烟尘、噪声等）
	危险化学品管控
	减少排放（如垃圾、二氧化碳、二氧化硫、噪声等）
	物资及能源回收利用（如废水、余热、废旧物料等）

可持续生产相关维度	相关举措内容
环境保护	减少包装或绿色包装
	降低能源资源消耗（如水、电、煤、蒸汽等）
	优化能源结构（如采用清洁/可再生/生物质能源）
	采用生态环保原材料（如有机棉、良好棉花等）和设施设备（如LED灯等）
	改善自然环境（如厂区绿化、植树造林、改善土质、提高生物多样性等）
	披露环境信息（如能源消耗、排放量等）
	与其他环保组织/机构合作（如世界自然基金会等非政府组织）
	监督供应商注重环境可持续发展，包括提高供应链透明度
	获得ISO环境管理体系认证
	向员工宣传和培训可持续发展理念及相关法规和知识
产品质量	提高产品/服务质量，提升客户满意度
	提供安全、可追溯的产品
	获得ISO质量管理体系认证
	强化供应链管理（如实施供应商评价制度、实地考察等）
员工权益	遵守劳动相关法律法规（如签订劳动合同、执行法定工作时间和法定工资标准等）
	完善用工制度（如请假制度、解雇补偿、缴纳基本社会保险等）
	保障员工民主权利（如员工沟通和投诉平台、集体谈判权等）
	改善员工健康和安全（如提供安全的工作环境，进行职业危害和安全培训及预警等）
	消除种族、国别、性别、年龄、区域及对孕妇、残疾人士等的歧视
	提供职业发展培训
	提供晋升机会
	保障女职工权益
	禁止雇佣童工和强迫劳动
	禁止骚扰、体罚和虐待
	提供额外福利（如食堂、交通、文体设施、精神健康中心、员工子女助学等）
	获得职业健康安全管理体系认证
	开展职业健康和安全审查
	监督和协助供应商改善劳工措施

二、我国纺织服装企业可持续生产能力建设

企业为实现可持续生产，需要从理念、制度、创新等各个方面提升自身可持续发展的能力。本部分以安踏集团（以下简称"安踏"）为例，分析其为实现可持续生产所做的各项努力，对企业可持续生产的能力建设勾勒一个参考框架。

安踏创立于 1991 年，是一家专门从事设计、生产、销售运动鞋服及配饰等运动装备的综合性、多品牌体育用品集团，于 2007 年在香港交易所上市。经过近 30 年的发展，安踏从一家传统民营企业转型为一家具有现代化治理结构和国际竞争能力的大型集团。自 2015 年，安踏一直是中国最大的体育用品集团，同时位列全球体育用品行业第三位。[1] 安踏一直致力于把可持续发展及社会责任融入企业文化，自 2000 年起连续入选恒生可持续发展企业基准指数[2]，于 2019 年纳入恒生国指 ESG 指数和彭博 ESG 数据指数，同时在香港品质保证局可持续发展的评级中维持 A+ 评级。[3] 安踏的可持续生产能力建设体现为以下几个方面。

1. 明确对可持续发展的态度和立场

真正可持续的企业，视可持续生产为企业使命，而非仅仅为营销手段。安踏将环境责任和社会责任视作与盈利责任同等重要的义务，认为作为行业领导者和企业社会责任的践行者，肩负推动社会持续发展，守护未来，为全球减碳出一份力的责任。企业需要付出额外资源来应对全球气候变化的挑战，但可持续发展能够激发企业创新潜力，带来收益增长，增加企业创造长期价值的能力。对于可持续发展，安踏所持有的态度是，"虽

---

[1] 安踏集团官网 https://www.anta.com/culture/story。

[2] 《安踏体育用品有限公司环境、社会及管治报告 2015》。

[3] 《安踏体育用品有限公司环境、社会及管治报告 2019》。

然为了降低对环境的影响不可避免地提升营运及生产成本，但这些举措将能降低集团需要面对的环境风险，同时更可推动行业对可持续发展的重视，长远而言改善经营环境，降低整体的营运风险"。在立场方面，安踏遵循"严格遵守营运地点的环保相关法律法规，避免对环境造成伤害；有责任推动行业及社会对环境保护的重视；密切留意环境变化带来的冲击并做好相应的准备；通过各种行政及营运手段，规管各类供应商，尽可能从供应链中剔除对环境造成负面影响的因素"。

具体而言，在生产及营运管理、员工管理等方面，安踏均有明确的立场，如表3-6所示。

表3-6　安踏集团可持续生产相关立场

生产及营运管理方面	员工管理方面
● 有责任确保生产过程全面符合国家法律法规要求； ● 作为一家负责任的企业，确保集团的管治质量，同时确保各合作单位在营运时均遵循双方定立的准则，符合法例要求之外，更必须符合社会规范； ● 有责任确保管治架构公开、透明，保证所有利益相关者均能通过合理的途径得到及了解相关资讯	● 遵守法律法规，尽可能杜绝任何形式的剥削； ● 唯才是用，尊重员工的个人选择，不论性别、年龄、宗教信仰、国籍、肤色、种族、性取向、婚姻状况及其他； ● 有责任为员工提供合理待遇及保障，使其拥有合理的生活水平； ● 有责任确保员工在安全的环境下工作； ● 有责任为员工提供完善的培训机制，使其能在合适的岗位上一展所长

2. 从利益相关者分析出发确定可持续生产的核心议题

安踏认为，持续有效的利益相关者沟通，能够协助企业改进，并为各项政策及措施提供调整方向。不同利益相关者对可持续发展各个议题的重视程度不尽相同，充分了解各利益相关者的不同看法，才能在政策制定时充分考虑他们的意见。

安踏的内部利益相关者包括董事会、管理层、员工；外部利益相关者包括投资者/股东、消费者、供应商、分销商、媒体、政府/监管机构、业主、品牌代言人和运动员。为获得不同利益相关者关于可持续发展各个议题的看法和意见，安踏与不同利益相关者进行沟通，其中，内部利益相关者的受访对象主要包括主管及主管以下的一线员工，旨在收集一线员工在执行各项政策及措施时的意见，从而改善及调整政策制定的方向；外部利益相关者中，超过一半的受访者为投资者及供应商，以便为改进提供参考。

根据安踏 2019 年 ESG 报告，其利益相关者对社会议题的关注高于环境议题，对人权及劳动权益、产品质量及安全、知识产权管理的重视程度上升，而气候变化和其他环境议题及供应链管理等方面的议题是投资者及行业所关注的重点，如图 3-1 所示。

投资者	员工	分销商	供应商	消费者	媒体	非盈利机构
·企业管治 ·员工待遇 ·供应链管理	·安全与健康 ·员工待遇 ·人权及劳工权益	·人权及劳工权益 ·员工待遇 ·产品质量及安全	·员工待遇 ·化学品使用及排放 ·安全与健康	·社会投资 ·工艺及产品创新 ·知识产权管理	·安全与健康 ·产品质量及安全 ·工艺及产品创新	·化学品使用及排放 ·水资源使用 ·可持续原料采购

图 3-1 安踏不同利益相关者最关心的前三项可持续议题

3. 建立可持续生产制度体系

可持续绩效的持续改进有赖企业管理制度的健全、完善与提升。安踏识别各种经营业务的风险及机会，探索把环境风险及管理指标融入日常营运政策的可能性，全面考虑气候变化在不同业务范畴的影响，以制定出长远可持续改善的目标和切实可行的政策。

在生产方面，安踏的制度建设主要涵盖生产营运、产品质量、员工管理及健康与安全等环节。

在生产运营方面，为降低生产过程中的能源消耗和排放，安踏制定相关工作守则并通过监控产品生产过程，把环境影响降到最低。在规管化学品的使用方面，通过制定比国家法规更严格的《限用化学品清单》确立员工处理及使用化学品的方式及原则，确保在生产过程中所选用的化学品均能通过严格的要求。同时，尽可能使用较安全、环保的替代品，将化学品对环境带来的影响降到最低。

为向消费者供应优质产品，安踏制定了全面的质量管理制度，保持生产线的稳定，降低潜在风险。

在员工管理方面，安踏为一线员工提供较行业平均优厚的待遇；营造包容、愉快的企业文化，保持与员工良好的沟通；根据员工能力定时提供技术及工艺培训，按照不同岗位需求，提供合适的技能训练，并要求员工定期参与考核，确保员工掌握所需技能。此外，安踏积极向全体员工进行宣传，使其了解公司相关环保政策内容并提高环保意识，以确保相关政策能够准确落实。同时，制定绿色员工指引，即鼓励员工减少浪费，遵守"环保四用"（减少使用、循环再用、废物重用、替代使用）守则，以减少一般废弃物的产生。

在安全与健康方面，安踏为车间员工安排职业安全培训，提高安全意识；为不同岗位的员工提供合适的工作装备，保护他们免受伤害；定期要求工厂员工参与火警演习，确保他们清晰知道应付火警时的相关程序，同时定期检查生产线范围之防火设备，确保相关设备均处于良好状态。

4. 以科技创新应对环境挑战

可持续发展的前景，很大程度上取决于持续创新。在全球竞争的驱动下，企业利用新技术、新工艺、新材料来提高生产率，节约自然资源和材料投入，使资源得到更高效率的利用，也能开发出新产品和新工艺（Joke Waller-Hunter，1996）。

安踏在进行用于一款儿童外套上的第二代矽胶眼睛研发时，经过多重考虑、打样及测试后，将原有的五道工序减少至两道工序，提高了百分之六十的生产效能，不但节省了成本，更减少了对原材料及生产时间的需求，间接降低了生产阶段的温室气体排放。❶

---

❶《安踏 2017ESG 报告》。

为尽量减少生产过程对环境的负担，安踏选用了由可乐瓶回收制成的再生纤维，以及以玉米为原料改造而成的 Sorona ® 纤维制成的面料。该面料的生产过程运用节能染色技术，配合无氟环保树脂及无溶剂复合化学物的使用。❶

2019 年，安踏推出以回收塑料为原料的环保唤能科技系列"训练有塑"。此系列利用回收废弃塑料瓶为原料，通过科技的研发及应用，制成再生涤纶面料，使安踏成为具有再生涤纶企业检验标准的中国体育品牌。在研发团队与供应商伙伴的合作研发下，突破了多项技术障碍，令此再生涤纶面料系列在性能上与传统面料服装无异，各项指标安全符合生态纺织品安全要求，而且综合成本比国际品牌降低了 30%~50%。❷

通过科技的应用及负责任的选择，安踏致力于探索发展与环境并存的方法，减低业务营运对环境带来的冲击，并在环境转变时作出及时反应。

5. 加强供应商管理，提升供应链可持续发展能力

在分工细化和供应链全球化的趋势下，可持续生产的实现不仅仅取决于企业自身的努力，更取决于企业整个供应链的整体协作。供应商的不可持续行为不仅会影响企业声誉，更会影响企业可持续发展的整体效果。因此，企业应通过制定及执行有效的供应商管理政策，有明确的供应商审核标准，并通过实地检查及设立监察系统，不断加强对供应商的管理。同时，作为负责任的采购者，企业应向供应商传递可持续发展的理念，协助供应商提升可持续发展的技术和营运能力，实现共同发展。

作为一家主要从事设计、开发、制造和销售体育用品的公司，安踏2019 年拥有中国供应商数目超过 649 家，海外供应商数目超过 20 家❸。安

---

❶《安踏 2016ESG 报告》。

❷《安踏 2019ESG 报告》。

❸ 数据来源：安踏集团官网 https://ir.anta.com/esg/sc/supply_chain.php。

踏对供应商在环境及社会责任方面制定了严格的守则与要求，并设立了监察机制。安踏对供应商的社会责任审核要求涉及 10 个方面，如表 3-7 所示。同时，为确保供应商切实执行企业社会责任的要求，安踏对供应商的实际营运情况进行监察，并推行实地稽核及绩效管理，进行绩效的统计和汇总。

表 3-7　安踏集团的供应商社会责任审核要求

审核范畴	主要要求准则
童工	● 必须遵守当地最低工作年龄的规定 ● 持有员工年龄的证明文件
强迫劳工	● 不能强迫员工工作，并违背他们的意愿 ● 不能雇佣监狱劳动或抵押式劳工 ● 不可要求员工向雇主作出担保 ● 员工有离职及自由出入的权利
歧视	● 不能在招聘、薪酬调整、晋升或降职过程中存在歧视 ● 不可要求女性员工入职前进行妊娠诊断 ● 不能拒绝雇用或辞退孕妇
申诉机制和沟通渠道	● 设有有效的申诉机制和沟通渠道 ● 保护举报者，确保作出申诉的员工不会被打击报复
薪酬和福利	● 必须确保员工薪酬不少于当地最低工资 ● 必须按时发放足额工资 ● 必须按法例规定为员工购买足额社会保险及公积金 ● 必须为员工提供法定假期
惩戒性措施	● 不能出现体罚、胁迫、剥削及性强迫行为 ● 需要定明员工的申诉渠道及程序 ● 制定严谨的内部规章，明文说明员工的权利及应遵守的守则，并需确保员工知悉及了解相关内容
工作时数	● 必须提供工资和工作纪录
人事管理体系	● 每位员工需签订雇佣合约
社会责任管理体系	● 设有工时及薪资管理制度 ● 鼓励获得不同范畴的认证
健康与安全	厂房、宿舍、饭堂 ● 需确保各种场所及营运点取得当地政府和消防的合法经营准许 ● 不容许车间、仓库及宿舍位于同一栋楼的三合一工厂 ● 各种场所都应具备合适的温度、光线及通风设备，并且保持良好卫生 ● 需确保员工均能自由使用所有卫生、住宿及餐饮设备 ● 需要确保员工在公作区域能免费获得清洁的饮用水

续表

审核范畴	主要要求准则
健康与安全	电器安全、化学品安全 ● 电器设备需处于良好状态并获得适当的保养 ● 按照工作场所的风险分析结果，配有适当的安全设备 ● 为所有的化学物品整理好清晰的存量清单，同时贴上正确的标签，并确保它们均存于在特定场所内 ● 确保处理危险品的工人已接受合适的培训，并为他们免费提供合适的保护装备以及急救设备 ● 需要为相关工人提供处理危险品的流程及守则 消防安全 ● 车间必须拥有两个出口，出口必须通向室外安全地区 ● 紧急出口必须全天候开启 ● 确保所有工厂范围均已设置合适的消防系统，并定期检查确保状态良好 ● 定期举办防火演习

资料来源：安踏集团官网。

　　此外，安踏一直不断推动供应商提高管理能力，鼓励供应商获得更多认证。2019 年，获得 ISO 9000 品质保证认证标准的供应商和获得 ISO 14000 环境管理国际标准的供应商大幅增加。此外，安踏还将 ISO 26000 社会责任指引引入特定供应商的日常营运中，提高他们对能源管理、材料回收及社会责任的理解及实践。同时，鼓励服装供应商获得蓝色标志（Bluesign®）认证，以确保原料的制作过程符合生态环保及健康、安全规范。

第四章
可持续消费

可持续消费又称绿色消费，是从满足生态需要出发，以有益健康和保护生态环境为基本内涵，符合人的健康和环境保护标准的各种消费行为和消费方式的统称。可持续消费的内容非常宽泛，不仅包括绿色产品，还包括物资的回收利用、能源的有效使用、对生态环境和物种的保护等，可以说涵盖生产和消费行为的方方面面。绿色消费是一种以适度节制消费，避免或减少对环境的破坏，崇尚自然和保护生态等为特征的新型消费行为和过程。

可持续消费观，就是倡导消费者在与自然协调发展的基础上，从事科学合理的生活消费，提倡健康适度的消费心理，弘扬高尚的消费道德及行为规范，并通过改变消费方式来引导生产模式发生重大变革，进而调整产业经济结构，促进生态产业发展的消费理念。它包括三层含义：一是倡导消费者在消费时选择未被污染或有助于公众健康的绿色产品；二是在消费过程中注重对垃圾的处置，不造成环境污染；三是引导消费者转变消费观念，崇尚自然、追求健康，在追求生活舒适的同时，注重环保、节约资源和能源，实现可持续消费。通过培养消费者的可持续意识，可以反过来促进产品的生产、营销和使用各阶段的可持续性，并形成新的消费商业模式。

目前中国正在进行第三次消费结构的升级，高品质化、多样化、个性化、便捷化已经成为国内消费最为突出的特点。高品质消费升级的重要部分是环保升级。消费作为拉动经济发展的三驾马车之一，对环境可持续产生着重大影响，可持续消费作为消费升级的重要特征之一，已经成为未来的消费导向。消费者的行为会反过来引导生产者在营销、生产等各阶段实现可持续性，并最终带来商业模式的创新。

第一节 消费者行为

时尚产业内涵丰富，是多种产业形态和产品形态的产业和企业的集合，涵盖了相关行业的关键环节和价值链，其中纺织服装行业是重要板块。因此纺织服装行业循环转型被认为是全球时尚产业实现循环发展之关键。近年来，消费者对纺织服装行业资源消耗和环境影响的关注持续上升，成为行业变革的一大重要驱动力。鉴于可持续消费行为主要表现在商品的购买、使用、处理、废弃等过程中施行产品减量化、再利用、再循环的生态意识及相应行为，故依据消费流程，本书将服装的可持续消费行为划分为营销、购买和使用三个阶段，形成服装可持续消费行为的内容构架，如表4-1所示。其中，营销阶段是指消费者参与产品的营销活动；购买阶段的可持续消费行为包括环保服装的购买、减少服装购买量或购买二手服装；使用阶段主要指服装租赁、分享、出借等可以延长服装生命周期的协作消费。可持续消费中还有一个重要阶段，即处理和废弃，本书其他章节有详细论述，在此不赘述。

表 4-1 服装可持续消费的内涵

阶段	消费者行为 ⟹ 生产者行为	
营销阶段	参与营销过程 喜欢互动	生产者以消费者为中心制定营销策略
购买阶段	环保服装购买 减少服装购买	生产者进行技术革新提供更加环保服装
使用阶段	服装租赁 服装定制	生产者商业模式创新

一、营销阶段的消费者行为

消费者是推动社会与环境进步的重要驱动力和合作伙伴。随着人们生活方式的改变，消费者的生活姿态及生活观念也已经发生了改变，随之消费者的需求也发生了变化。因此服装企业想要践行可持续理念、实现长期性的发展目标，更应该以消费者为中心，聚焦消费者及其变化，时刻跟踪和捕捉这种变化，洞察消费者行为，制定出更为精准的营销策略。例如，消费者在使用产品或服务时喜欢加入他们自身的劳动或专门知识，宜家提供消费者自己组装的家居产品、自己搭配的家具，这是区别于其他家居生产商的一大营销策略，给消费者带来新鲜感及很强的体验感。特别对于现在年轻人来说，他们有个性、有创意、有想法，很多东西都希望能表达自己，包括家具。宜家 DIY 产品组建正是让一些喜爱新鲜的消费者开始尝试自己动手表达自己。同时降低了单位产品的成本及运输过程产生的排放。消费者在家里组装这些产品，等于承担了一部分制造任务，既给人一种成就感，又使他们购买该产品时的价格低于已组装的产品。

根据《2019 中国可持续消费报告》的调查，公益活动的开展是企业进行可持续消费文化宣传及产品营销的有力渠道，超过一半的消费者是从公益活动中获知企业的信息，如图 4-1 所示。企业在制定营销策略时可以充分利用这一渠道，以带动消费者进行可持续消费。

每年 4 月 22 日 "世界地球日"，为鼓励消费者自带水杯、减少一次性纸杯使用量，星巴克推出免费喝咖啡活动：4 月 22 日当天上午 11 点至 12 点，消费者只要自带杯子到星巴克门店，就可以领到免费咖啡。星巴克的环保公益营销活动，通过给用户免费送咖啡形式，撬动大众参与互动欲望，让消费者感受到与品牌共创时能够为保护环境助一份力。

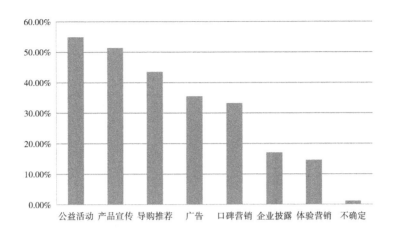

图 4-1　营销手段对消费者的吸引力

资料来源：《2019 中国可持续消费报告》。

除此之外，产品宣传中明确提出可持续产品信息也是促使消费者绿色消费的主要途径。用回收卡车篷布制包的 Freitag，其瑞士苏黎世的总部旗舰店就是由旧集装箱搭建而成，大楼本身也成为了传递品牌态度与可持续理念的媒介，而每个背包附带的产品宣传手册更是详细地讲述了品牌故事，将其价值理念准确地传达给了消费者。

二、购买阶段的消费者行为

绿色服装是在从生产到废弃的全过程中，不仅对环境的危害最小，而且有益于身体健康、能耗低的服装。消费者选购服装时应首选天然、纯棉质地、无毒无害产品，对于绿色服装的需求需要更多优质的可持续服装进入市场，从而形成一个良性循环，促进生产厂家对服装原材料的合理节约使用。消费者内在需求的变化与可持续消费的升级，推动着企业的可持续转型，近年来，部分国内服装品牌和企业开始推出自身环保产品系列，或者打造独立可持续品牌，如表 4-2 所示。例如，ICICLE 之禾采用天然原料和天然染色工艺的"自之道"胶囊系列；鄂尔多斯采用再生羊绒、牦牛绒面料及无染色羊绒制成的"善 SHN"系列；再造衣银行基于旧衣面料改造的"众""乐""载"系列等。

表 4-2　部分国产品牌的可持续生产

品牌	产品系列	特色
ICICLE ☾	"自然之道"胶囊系列	天然原料、天然植物染色
ERDOS ⅄	善 SHN 系列	再生羊绒、牦牛绒、无染色羊绒
江南布衣⁺	设计师环保品牌 –REVERB	再生涤纶面料
ZUCZUG /	环保品牌 klee klee	对环境低消耗的环保原料、降低污染的环保染色工艺

资料来源：品牌官网。

目前国内品牌在推动可持续时尚过程中，尤其注重消费者参与，积极让消费者参与产品的循环流程中，使得可持续消费在生产阶段就已经开始。除了服装，在家居用品的生产中也渗透着消费者的行为。宜家消费者更喜欢用天然材料制作的家居产品，为此，在地毯的生产中宜家按照"负责任的羊毛标准"在新西兰采购羊毛，并且邀请消费者全程参与，最终目标是让顾客买得起负责任生产的地毯。

在减少服装消费量方面，通过在产品设计层面增加服装的价值与耐久性，延长服装的使用寿命，是降低消费者的服装购买量的重要手段。所以在生产中应该通过采用先进的技术增强服装的固色能力、抗菌抗污能力和强度等手段解决这些问题，以延长洗护服装的间隔时间、减少洗护次数、有效地节约水资源，由于服装洗护次数减少，颜色变化也会随之减少、服装强度降低速度得到减缓，最终形成良性循环。研究发现，在服装设计中增加产品功能和情感价值，可以提高消费者密集使用产品的程度。通过增加服装的物理耐久性（材料的耐用性）和心理耐久性（保持服装款式在消费者心目中不过时），可以在一定程度上延长服装的使用寿命，最终实现降低消费者个体服装消费量的目的。目前，越来越多的企业致力于采用绿色科技，新能源、新材料、新技术的使用正在不断推动可持续消费产品与服务的发展。

三、使用阶段的消费者行为

服装使用阶段的可持续体现在共享经济。消费者基于未充分利用的共享用途通过租赁、交换、交易和出借不需要的产品，强调产品的使用权而非所有权，涵盖了延长服装使用寿命中的各个方面，具体包括服装的捐赠、出借、分享、交换、租赁和送礼，以及二手服装的购买。在服装领域，倡导这种共享型消费不仅可以较大限度地利用服装并减少有限使用后丢弃商品所带来的垃圾填埋，还可以使消费者分享产品成本并减轻所有权的负担。

世界上一些知名公司提供了服装租赁和交换活动，如位于纽约的时尚图书馆 Al-bright 提供经典的高端时尚产品档案，Rent the Runway 提供名牌服装和配件租赁的在线服务。在国内，"共享衣橱"商店、闲鱼 APP 等也为消费者提供了服装协作消费的平台，从而得到消费者的认可和应用。本章第三节对此有详细论述。

第二节　消费者教育

2019 年，中国纺织工业联合会社会责任办公室就消费者对于可持续纺织服装消费的意识和实践进行了随机调研，共计 5002 名中国消费者参与了此次调研。调研结果显示：消费者对可持续消费认知提升，大部分具备行动意愿，超过 67% 的消费者会关注可持续产品，约 26% 消费者表示不只关注且会特意购买；约 30% 消费者具备可持续的意识，但对可持续产品是什么及如何购买可持续产品存在障碍。仅不到 2% 消费者对可持续产品不感兴趣，如图 4-2 所示。

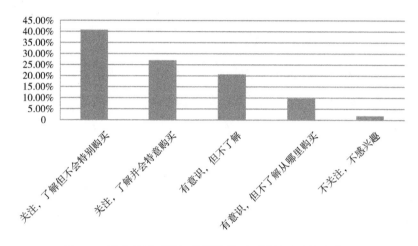

图 4-2　消费者是否了解并关注购买可持续理念的产品

资料来源：中国纺织工业联合会。

消费者是行业循环转型的重要利益相关方，是行业可持续发展的监督者。要真正发挥消费者的消费驱动力和监督力，产业不同利益相关方应投入合适的资源，联合更多社会力量，从不同层面开展消费者教育，帮助消费者认识其在可持续时尚中的角色与作用，并积极引导消费者购买、使用、处理其纺织服装产品的行为。政府、行业和企业及学校、社会团体、第三方专业机构等在消费者教育中承担着不同的角色。

一、增强消费者的可持续消费意识

消费观念的形成及其改变受到每个人所处的家庭和社会经济环境、民族传统文化、个人文化素质、宗教信仰等非经济因素的强烈影响，具有很强的可塑性。要建构可持续消费模式，须加强对消费者可持续消费的教育和宣传，增强消费者的可持续消费意识。

1. 媒体宣传

消费者是消费的主体，要转变不良消费观念，就要借助各媒体在广大消费者中间进行广泛、形象、有效的宣传，加强对消费者的引导和教育，让人们明白不良消费方式的危害。唯有正确认识人与自然和谐关系的意义和保护环境和生态的重要性，才能建构起可持续消费模式。在这种主体意识的作用下，消费者才会用可持续消费理念指引消费。重要的是让消费者把可持续消费行为养成一种消费习惯，使可持续消费在消费者的消费行为中一直延续下去。大众传媒应当明确在发展和实践可持续消费中的代言人角色及其责任，在消费舆论导向方面应树立明确的可持续消费的价值观念。加大宣传教育力度，倡导善待自然、节约资源、保护环境的可持续消费意识，开展宣传健康、绿色、环保、适度等消费榜样的示范效应，反对消费主义所倡导的过分"物化"，从意识、文化、道德层面去感化与引导消费者自觉抵制与去除炫耀消费及其他消费陋习。

《2019 中国网络视听发展研究报告》数据显示，中国网络视频（含短视频）用户规模达 7.25 亿，占整体网民的 87.5%，其中短视频用户规模6.48 亿。在"80 后""90 后"成为消费市场的核心动力后，短视频作为一种新媒体，凭借着自身强大的传播力度，可以让更多消费者找到"个性化"的消费需求，所以各类商家开始入驻短视频平台，寻求打破了线上与线下的区隔，满足消费者的需求。

2. 政府引导

2016 年，我国发布了《关于促进绿色消费的指导意见》，明确提出鼓励绿色消费，扩大绿色消费市场，顺应消费升级趋势，推动供给侧改革，培育新的经济增长点。近年来，城市垃圾分类、无废城市减少等政策的落实与推进，进一步为绿色消费创造了良好的政策环境。

政府的积极干预，是实现可持续消费的条件之一。推进实施可持续消费的一系列机制需要政府来完成。2021年4月22日，世界地球日，深圳市罗湖区政府联合腾讯乘车和华润万家、海底捞等知名企业发起"绿色出行'码'上有礼"活动。深圳市民乘公交、地铁出行，使用腾讯"乘车码"小程序刷码乘车，即可获取绿色出行分，兑换价值千万的消费券，所获消费券均可到参与活动的企业的全市直营门店使用，以此来引导市民建立低碳、节约、绿色、环保的出行和消费理念，助力深圳建设绿色发展的典范城市，实现绿色出行反哺绿色消费，如图4-3所示。

图4-3 深圳"绿色出行，码上有礼"活动

3. 行业和企业引领

行业和企业在消费者教育中承担着引领和推动的作用，尤其是直接与消费者接触的零售品牌商，未来需要进一步通过各种大型产业展会、时装周、品牌及活动、大赛等方式，加强和消费者沟通与循环时尚相关的理念和实践，同时也创新和消费者沟通的方式。消费者教育是渐进的过程，在这个过程中，学校、社会团体、第三方专业机构等组织的作用也至关重要。应积极发挥这些组织的作用，设计创新项目，一起推动消费者理念和行为的改变。

2013年中国连锁经营协会推出"绿色可持续消费宣传周"活动，每年一次，绿色消费周已进入第8个年头。活动以"绿色消费，品质生活"为主题，围绕"衣食住行乐"等方面，不断吸引更多连锁企业参与，通过提供可持续的产品和服务，推动和引导全社会绿色消费观念及行为改变，鼓励消费者将可持续消费理念贯于日常生活的"衣食住行乐"中，选择更健康、更美好的绿色生活方式。2020年进口博览会上，ASICS首次亮相的东京奥运会参赛运动员官方服装，材料来自回收衣物；宜家的"可持续之家"展示了用上届进博会回收的PET材料制成的工艺品。

商场作为消费者践行绿色消费的重要场景，近年来也开始探索推行绿色商业模式。自2016年商务部启动绿色商场创建工作以来，绿色商场的创建不断取得突破，创建的范围和数量持续扩大和增加。2016年我国创建了25家绿色商场，2017年60家，2018年进一步增加到72家。截至2020年年底，全国共有315座绿色商场入选商务部发布的《绿色商场》（SB/T 11135—2015）行业标准，积极推动节能设备改造、绿色供应链建设、绿色服务等，引导消费者进行绿色消费。

除此之外，全国节能宣传周、全国科普活动周、全国低碳日、世界环境日等由行业协会组织的主题宣传教育活动，通过新闻媒体、网络媒体开展公益宣传，营造绿色消费良好社会氛围。

对于可持续纺织服装产品的特性，消费者的认识覆盖了从原材料、产品生产、使用到废弃处置各环节。当被告知服装的生产、消费和废弃与环境息息相关时，大部分消费者都愿意为可持续消费作出一定改变，愿意减少购买新衣物的频率、选择正规回收渠道处理废旧衣服、购买可持续属性的衣物、通过修改和改造继续使用不喜欢不适合的衣物的消费者均超过40%；也有一部分消费者选择租赁衣物和购买二手衣物等。

二、加强消费者可持续消费行为

消费者的消费意识总是与消费者具体的消费实践活动紧密相联。在可持续消费意识引导下，消费者一般能做到其行为选择的可持续性。虽然一次性产品在某种程度上满足了消费者的特殊需要，但却制造了大量生活垃圾，还严重破坏了生态环境。消费者可在消费过程中拒绝使用一次性产品，选择可持续性产品。消费者可通过选择绿色环保的消费产品，促使生产者生产出有利于健康，环保的产品。消费者应改变不良消费习惯，在日常生活中养成直接将垃圾分类的好习惯，变废为宝，提高资源回收效率，减少垃圾污染。同时，消费者主动参加各项消费教育活动，提高自身辨别能力和自身的素质，在消费中就很容易辨别商品的真伪。如消费者可接受消费技能教育、消费决策教育、消费法律教育。这些教育可提高消费者对环保和可持续发展的认识，使消费者领悟可持续消费的意义，进而使消费者自觉改变传统的不良消费观念和消费行为。

根据商道纵横和界面新闻 2019 年发起的可持续消费调查，自带购物袋、购买节能家电、旧电子产品放到网络转卖，已成为消费者普遍践行的三大绿色消费行为。因为操作性强、方便且不需投入额外成本，再加上各方宣传引导，超过 80% 的消费者都有过以上绿色消费实践。而受访者中使用节水装置行为因实践成本较高而受阻，如图 4-4 所示。

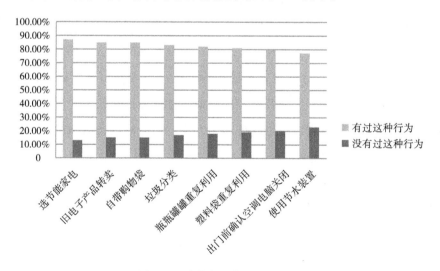

图 4-4　消费者可持续消费行为

资料来源：《2019 中国可持续消费报告》。

三、提高消费者可持续消费能力

消费者不断增长的消费需求推动了生产的持续发展，最终促进我国经济持续增长。作为政府，须完善、规范分配收入和消费制度，藏富于民，提高消费者的可持续消费能力，鼓励消费者多消费，拉动内需，促进我国经济可持续发展。

中国纺织工业联合会的报告显示，超过 90% 的消费者接受因可持续带来的产品溢价，质量仍是首要购买原则，其次是美观、价格、性能，然后是产品的可持续性，如图 4-5 所示。值得注意的是，消费者关注产品可持续特性的比例以及愿意接受溢价的比例虽然不低（分别为 67% 和 90%），但特意购买的消费者却仅占 26%。这说明消费者的消费意识与实际消费行为转化之间仍存在较大差距，需要品牌和企业在绿色服装产品设计、生产与销售时，兼顾服装质量、时尚性、舒适度，且合理定价，引导消费者行为的真实发生，如图 4-6 所示。

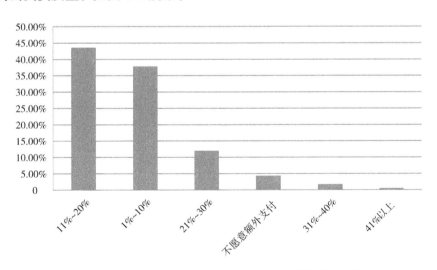

图 4-5　消费者愿意为可持续纺织服装产品额外支付的价钱比例

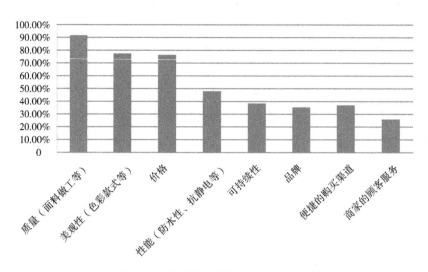

图 4-6　消费者在购买纺织服装产品时会考虑的因素

资料来源：中国纺织工业联合会《循环时尚：中国新纺织经济报告》。

　　诚然，消费者在具有一定经济基础的情况下，适当提倡一些高消费，可拉动我国内需，从而推动我国经济的持续发展。2011 年 4 月 20 日海南正式向赴海南旅游的游客实施离岛免税政策，一定程度上拉动了我国的内需，促进了我国经济的持续发展。而要提高消费者可持续消费能力，先要增加消费者的收入，让消费者的钱袋子鼓起来。消费者有一定经济基础才有能力消费，才敢消费，才愿意消费。只有消费者拥有较高收入水平时，消费者才不会对自己的消费预期产生担忧。

　　随着气候变化、海洋塑料污染等全球性环境议题在世界范围内引起关注，以及联合国可持续发展目标（SDGs）的推广普及，可持续消费的理念逐渐为全球消费者所认知并实践，尤其是年轻一代消费者。相关时尚产业调研显示，75% 的消费者认为可持续性极其重要；如果另一个品牌比消费者喜欢的品牌更环保、更有利于社会的话，超过 50% 的消费者将计划在未来更换品牌；越来越多的年轻消费者表示，为了减轻对环境的负面影响，他们愿意为某些产品花更多的钱。

第三节 基于消费者需求的商业模式创新

在循环经济模式下，纺织服装行业的增长将不再依赖原有的大量生产大量消费，而是转向这样一个未来，在同样甚至更少的资源消耗下，以创新的服务方式，满足消费者对纤维及纤维制品的各种需求。创新服装的设计、销售、穿着、回收和再加工的方式，提升产品品质，增加服装的使用次数，延长产品生命周期，提高废弃后回收利用率是新商业模式关注的主要方向，也是品牌和设计师的重点探索领域和企业创新的重点方向。共享平台、租赁服务、二手交易、线上回收、维修服务、再设计服务等新商业模式正是对这种可能性的开放探索。这些兼顾循环经济原则和消费者新需求的新商业模式是推动产业循环转型、探索新经济机遇的重要驱动力，如果实现规模化发展，将为纺织服装行业带来创新增长。

一、修补、改衣服务

修补是衣物出现破损时恢复其使用价值，延长其产品生命周期最经济也是最直接的方式，尤其针对高档、耐用、功能性强的服装。近年来，一部分服装品牌推出了修补服务，提升产品的附加值，并增加消费者黏性、提升品牌形象。例如，户外品牌 Patagonia、羽绒服品牌波司登提供服装的回收和破损修补服务。

2013 年，美国顶级户外运动品牌 Patagonia 推出"Worn Wear"服装修补回收计划。2016 年，作为"Euro Worn Wear Tour"的一部分，Patagonia

在欧洲超过 50 个地点为人们免费修理坏掉的拉链和纽扣等，并教授人们如何自己修补服装，不管是哪个品牌的产品。迄今为止，Worn Wear 巡演已经造访过北美、欧洲、智利、韩国、日本等国家和地区的多个城市，为超过 12 万人提供服务。2017 年，Patagonia 扩大了"Worn Wear"服装修补回收计划的规模，还启动官方在线商城，专门用于销售各个品牌的二手服装。

美国著名户外装备品牌 The North Face 新推出一项出售折扣二手产品的试点项目 Renewed。美国环境保护署（U.S. Environmental Protection Agency）数据显示，每年美国 85% 的纺织品会流向垃圾填埋场，其中服装、鞋履等占多数。Renewed 项目推出的目标就在于打造循环经济，不再让服装流向垃圾填埋场。

改衣和修补异曲同工，通过对旧衣或尺寸已经不合适的衣服进行修改，既可以满足消费者在新阶段对服装的需求，也推动了纺织服装废弃物的减少。改衣是中国的传统，过去由裁缝承担，因近 20 年快时尚冲击而日渐式微。但在新的消费理念下，改衣的需求重新兴起，并和互联网技术结合，形成新的模式满足新时代消费者的消费习惯。例如，线上改衣品牌"易改衣"通过互联网把传统裁缝行业信息化，实现 SOP 标准改衣作业，为顾客提供预约上门量体改衣等服务。

服装改造或者再设计，是指通过设计让有瑕疵的衣物或旧衣物重新焕发生命，通常被称为升级改造。国内的再造衣银行是个典型案例。设计师从各大旧衣回收公司挑选衣物进行清洗和再拼布，还尝试跟大批量生产成衣的品牌如 Lee、Levis 等合作，以他们提供的库存面料进行旧衣改造。此外，再造衣银行也面向公众接受衣物捐赠，日本一个机构就曾捐赠了大批古董和服。面料问题解决后，还要解决产量问题，否则无法运营下去。为了做到真正的物尽其用，设计师研发出一种可循环的设计模式：根据衣物结构的特点，将较常见的旧衣物料如牛仔裤、衬衫等进行标准模式化设计与生产。在设计师手里，任意两条牛仔裤都可以拼成一件全新的牛仔夹克，任意两件衬衫都可以变为一件新的长款衬衫，还有大衣的改造，等等。这些再造衣款式一样，但根据使用的旧衣面料的不同，每一件都具有独特性且能进行量产。就这样，设计师将从不同渠道（旧衣回收公司、品牌库存面料、公众捐赠）获得的旧衣重新设计成时尚服装，而且实现了一定程度的量产。在服装改造和再设计中，设计师本身的可持续设计或者循环设计能力非常关键，升级改造旧衣，让它们循环再生成为新的时尚，反对浪费，但不反对消费，实现了旧衣改造的可持续商业模式。

再造衣银行的 2019 春夏系列服装，用悦菲纤（REFIBRA）技术将生产服装剩下的大量废棉升级再造，与木浆一起成为原料，用于生产全新的天丝品牌莱赛尔纤维，以制造面料及服装。以天然环保著称的天丝品牌纤维取材于可持续发展木源，为纺织产业带来变革，使面料穿在身上能保持持久舒适。

二、共享租衣模式

所谓"共享经济"，是指以获得一定报酬为主要目的，基于陌生人且存在物品使用权暂时转移的一种新的经济模式。根据统计，2014 年全球共享经济的市场规模达到 150 亿美元。到 2025 年，这一数字将达到 3350 亿美元，年复合增长率达到 36%。近年来，共享经济在全球不同行业中掀起了波澜，爱彼迎、Uber 等共享平台品牌在消费者中已经耳熟能详。这种商业模式通过一个平台，将产品的所有者和产品的需求者连接起来，帮助产品在不同消费者或者用户中间流转，有助于避免产品闲置现象，提升产品的利用率，并推动产品设计更加注重耐用性。这些特质也是循环经济所强调的。对我国传统的纺织服装行业来说，一方面传统零售走到变革的十字路口，另一方面国际大牌、高端女装仍然无法以合理价格满足中国女性的消费需求。因此，共享经济模式催生出一个全新的"服装租赁"产业链。

共享租衣平台是共享经济在服装消费领域展现出来的主要模式，服装平台通过合作从服装提供者获得服装使用权，然后将其通过租或者借的方式提供给服装需求者。共享租衣平台的目标用户是一二线城市的二十出头的年轻女性，她们除了为特殊场合租赁礼服，日常生活中也存在穿大牌和潮牌时装的需求。基于目标群体的需求，共享租衣平台的商业模式主要分为包月租衣模式和场景类租衣模式。

与时尚品牌合作是共享租衣平台获取大量优质时尚服装的主要方式。衣二三平台上几乎所有衣物都是通过和品牌合作实现的。服装品牌也通过这样的合作拓展零售端的服装租赁可能性。

从全球范围看，服装共享平台的发展在过去几年呈明显上升趋势，并受到资本市场青睐。2009 年 11 月，号称"共享服装"开山鼻祖的美国服装租赁电商平台"Rent the Runway"正式创立。他们的初衷其实是希望能够通过整合线下的闲散服装产品，并以较低的使用价格向需求者提供所需的产品。其对于服装供给者来说，能够通过在特定时间内提供服装的使用权来获得一定的经济回报；对需求方而言，不直接拥有该服装产品的所有权，而是通过租、借等共享的方式，在支付较低的费用之后便能够使用自己需要的衣服。目前国内众多经营服装租赁业务的企业，或多或少都是基于对"Rent the Runway"的模仿进行的一场美国经验的中国化尝试。2019 年初，Rent the Runway 获新一轮 1.5 亿美元融资后，市场估值接近 10 亿美元。美国另外一个知名的共享租衣平台是成立于 2013 年的 Le Tote，于 2018 年进入中国，是第一家进入中国市场的国际租衣平台。

除了美国的 Rent the Runway 和 Le Tote，德国 Myonbelle、日本 AirCloset 也是全球较早兴起的共享租衣平台。近年来，随着国际可持续发展呼声的高涨、可持续消费意识的崛起及技术的进步，共享租衣领域的企业数量正在增加。越来越多的企业进入该领域，并专注于细分人群或者细分品类，打造自身特色。例如，2019 年 12 月在英国成立的租赁平台 My Wardrobe HQ 专注于高端时装领域，以满足欧洲市场特殊场合的服装租赁需求比日常服装更受欢迎的需求。据媒体报道，My Wardrobe HQ 的滑雪服租赁业务表现优异。

中国共享租衣起于 2015 年，一度形成衣二三、女神派、美丽租、托特衣箱、衣库等多家平台相互竞争的稳定格局，如表 4-3 所示。

表 4-3　我国主要共享租衣平台融资情况

公司名称	融资时间	最新轮次	最新轮次融资额（人民币）	投资方	企业运营状态
女神派	2018.10	B+ 轮	未披露	蚂蚁金服	关闭
衣二三	2018.9	战略投资	未披露	阿里巴巴	关闭
OOK 衣本电商	2018.5	Pre-A 轮	数百万	个人投资者	存续
美丽租	2015.5	天使轮	100 万	初心资本 上海永宣创投	关闭
良衣汇	2015.3	天使轮	300 万	九合创投	经营异常
衣库	2015.3	A 轮	未披露	拉尔夫创投	经营异常

资料来源：燃财经。

从表 4-3 可以看出，共享租衣平台近年来相继拿到了融资，但是大部分服装租赁企业已经宣告创业失败。

三、二手交易平台

二手交易是充分发挥产品价值，提升产品利用率的有效方式。二手交易平台通常可以分为两类，P2P 模式和寄售模式。P2P 模式是指企业为买家和卖家提供交易空间，但不同平台的鉴别服务会有所差异。POSHMARK 是采取 P2P 模式的典型二手交易网站。寄售模式则是由平台为寄售的买家提供整套服务，平台通过收取一定的上架费盈利。一般认为，P2P 模式适合大众产品，而寄售模式适合奢侈品。根据价格区间，二手交易市场分为三个细分市场：奢侈品、终端价格产品和大众服装。平台通常会选择聚焦在某个细分市场，例如 The Real Real 和 Vestiaire Collective 主打奢侈品二手交易，这两家企业也是目前国际二手奢侈品交易行业的头部企业。但也存在综合性平台，如 ThredUp，消费者可以在 ThredUp 上找到不同价格区间的二手服装。

在欧美国家，服装二手交易市场非常活跃，消费者习惯通过二手交易的方式处理其旧衣物，尤其是质量较好的童装、耐用服装、奢侈服装等品类。除了线下实体商店、二手货市场，平台也是欧美市场二手服装交易的重要空间。如美国的 ThredUp、The Real Real、POSHMARK，欧洲的 Vestiaire Collective、Vinted 等平台。

我国二手交易市场也异常活跃。网经社电子商务研究中心调研显示，在 2014—2018 年，中国二手交易市场扩大了 450%，达到千亿美元市场。近年来，国内二手闲置奢侈品的交易发展趋势非常可观，以红布林、妃鱼、只二为代表的二手奢侈品交易平台发展迅速，受到资本青睐。线下二手奢侈品店或 C 端买家卖家通过平台寄卖其产品或者闲置奢侈品商品，商品售出后，平台提取一定比例佣金。寄售产品由平台或买家定价。服装基本是二手奢侈品交易电商平台的标准品类。

2020 年，电商直播迎来井喷式增长，各大平台交易突破 4 千亿元，已占据线上零售额的 4% 和总体零售额的 1%。其中，淘宝直播连续 3 年的成交增速均超过 150%。线上购物节方兴未艾，如何引导消费者的消费偏好，并进行线上沟通成为品牌重点思考的命题。通过促进二手奢侈品的销售是二手奢侈品交易电商平台近两年主推的服务板块，以妃鱼为代表，早在 2016 年，妃鱼就开始进行淘宝直播。2019 年，红布林也开设了直播业务。

此外，闲置物品二手交易平台也是闲鱼、京东、拍拍、转转等互联网平台的主要板块。以闲鱼为例，其是阿里巴巴旗下的闲置物品交易平台，用户通过手机拍照上传二手闲置物品，开展在线交易。据统计，二手衣物和二手数码产品是闲鱼平台上交易频次最高的两种品类。

四、服装定制

随着改革开放红利、人工红利的消失，中国经济步入新常态，纺织服装行业受到了巨大的冲击，纺织服装行业总体增长趋势放缓。受增速放缓、产能过剩，电商新商业模式冲击等影响，大部分的主流品牌服装企业面临巨大挑战。2015 年 3 月 5 日，《政府工作报告》首次提出"中国制造2025"，其中体现信息技术与制造技术深度融合的数字化网络化智能化制造是重要主线，即加快推动新一代信息技术与制造技术融合发展，把智能制造作为两化深度融合的主攻方向；着力发展智能装备和智能产品，推进生产过程智能化，培育新型生产方式，全面提升企业研发、生产、管理和服务的智能化水平。在政府和舆论的推动下，互联网 +、工业 4.0、O2O、C2B、MTM、大数据等各类新概念和新技术，正成为众多企业转型升级的重要选择和支撑。科技、时尚、绿色，已经成为中国纺织服装行业的产业新标签，也为加速服装定制领域的全面创新提供核心源动力。信息化为制造业的高质量发展提供了千载难逢的机会，其中，大规模定制就是智能制造的重要方向之一，使消费者和生产者直接对接，提供了全新的商业理念、生产方式、产业形态和商业模式，是提高纺织服装产业高质量发展和转型升级的重要动力。

服装定制平台是指服装企业定制生产、定制营销，是以互联网为媒介，消费者亲自参与服装的设计环节，与设计师共同完成面料、款式、版型及图案等选择，并由设计师根据消费者身材的具体尺寸为消费者定制出符合其个性化需求服装的网络平台。服装定制业务的实质就是使顾客感受"独特"和"新颖"的体验，企业依据顾客对服饰的要求，通过一对一选款、选色、选料来开展服装定制业务。在服装行业同质化、竞争激烈化的环境中，企业若想脱颖而出，就必须以消费者的需求为主。随着消费者服装消费观念的改变，逐渐形成了多品牌个性化的消费需求，由原来的低价格服饰转向紧跟流行趋势的中高端品牌服装的体验消费。

现阶段，根据服务类型，服装定制平台可分为服装定制与服装选配两类。服装定制是为消费者提供西装、衬衫、Polo 衫等服装的一对一定制服务，而服装选配是为消费者提供整体着装建议的服务。

我国服装定制市场规模呈现不断增长态势，消费者的消费意识越来越高，而中产阶级对合身的高品质定制服装需求更加强烈，如图 4-7 所示。

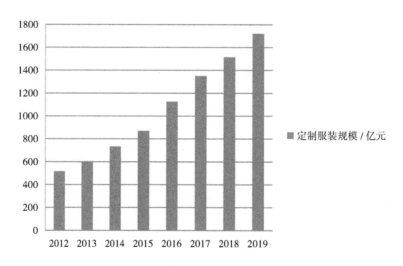

图 4-7　2012—2019 我国定制服装市场规模走势图

资料来源：智研咨询《2019—2025 年中国服装定制行业市场竞争现状及投资方向研究报告》。

第四节 衣邦人——基于网络交易平台的数字化服装定制模式

衣邦人2014年12月由杭州贝嘟科技有限公司注册成立，以互联网思维和工业4.0，即"互联网＋上门量体＋工业4.0"的C2M（Customer-to-manufactory）模式，切入服装定制行业，在不到六年的时间里，衣邦人由一个初创时6个人的小公司，已成长为国内服装互联网定制行业的标杆企业。衣邦人平台始终致力迭代定制业务，改变了传统定制的经营方式，让客户足不出户，体验专业着装顾问免费上门量体的品质服务，大大节省了用户宝贵的时间成本。2020年，衣邦人在全国已拥有50个直营网点，服务范围辐射140多座城市，截至2020年4月衣帮人已累积预约客户突破140万，从2月到4月在短短两个月内衣邦人预约客户增长超20万，同时有超260万用户注册并通过衣邦人APP改善个人形象。

衣邦人目标顾客为中国商务精英，为满足其个性化需求，实施了"全品类战略"，并不断完善定制服装的品类。目前衣邦人已实现男、女全品类11个系列全品类定制，其中男装包括西装、衬衫、裤装、外套、针织，女装包括正装、裤裙、外套、针织，以及婚庆系列和精品配饰，产品覆盖西装、衬衣、T恤、Polo衫、西裤、休闲裤、牛仔裤、裙装、夹克、风衣、大衣等，并且还开展了团队定制。同时衣邦人通过独有的供应商开放平台，高效链接全球优质加工商、面料商、辅料商等合作伙伴，构建出一个高效、优质、个性化的供应链体系，更因其客户规模、去中间商化及强大的供应商整合能力，是消费者只需相较于传统门店 30%~50% 的价格便可实现定制，使服装定制走下神坛、步入追求个性及品质的消费者生活。

一、构建数字化服装定制模式，打造独特服务特色

传统的服装生产流程，需要经历设计、打样、订货、生产、销售等多个环节，品牌商往往需要提前一年以上预测流行趋势，这导致了服装行业货品积压严重的问题，而衣邦人则在消费者与工厂之间搭建了一条快速路，有订单再生产，没有库销比。为了畅通 C2M 这条快速路，衣邦人在消费者和工厂两端做足了功夫，在 C 端直接面向消费者，在 M 端提供供应商开放平台，接入生产商和面料商，如图 4-8 所示。

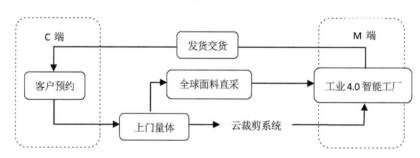

图 4-8　衣邦人 C2M 模式

衣邦人将定制过程分为四个步骤，也形成了衣邦人的服务特色。"一键在线预约""免费上门量体""成衣精制，快速发货"和"售后无忧"流程，如图 4-9 所示。首先，顾客可在衣邦人官网、APP、小程序、公众号上预约量体，客服将打电话确定上门时间，专业着装顾问免费上门量体，采集 26 个身材数据，并确定款式面料。其次，衣邦人可提供数百个款式与数千种面料的选择余地，让消费者用 30% 的价格享受奢侈品牌同等面料与做工。最后，衣邦人承诺将在下单后 10 个工作日内制成成衣并快速发货，并将提供比传统服装行业更高标准的 365 天的无忧售后服务。

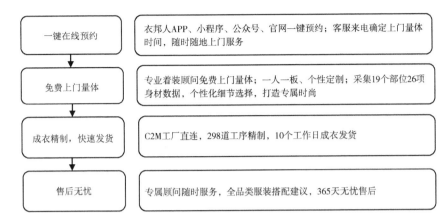

图 4-9　衣邦人定制流程图

二、直采战略，保证服装品质

面料对西装起到了决定性的作用，面料选择也是定制整个流程中至关重要的一个环节，关系到西服上身的整体舒适程度及之后的日常打理，也是保证服装品质的关键因素。衣邦人秉承"面料是服装的灵魂"，于是用近乎严苛的方式思考定制中所应选用的面料与理应呈现的美感。SCABAL、CERRUTI 1881、Ermenegildo Zegna、ZIGNOE 等数十种奢牌或精品面料品牌与衣邦人有着长久且亲密的合作关系，2016 年意大利著名面料品牌 VBC（维达莱）为衣邦人推出专属面料册，这是 VBC 首次为国内高级定制公司专属定制面料册。图 4-10 所示为衣邦人全球面料和辅料供应商。

图 4-10　衣邦人全球面料和辅料供应商

三、完善智能化服装生产，迈向"极致柔性"的个性化定制

在科技迅猛发展的时代，各行各业都在向以技术为核心的智能化转型。服装行业作为基础制造业，新兴商业模式和技术发展也在倒逼服装制造业转向"智"造业，尤其是服装定制行业，由于对服装从预定到专业制作都有更高的工艺要求，对智能制造也有了更为迫切的要求。2020年突如其来的疫情极大增加了顾客线下购买以及服装定制的困难，此时大数据、物联网、云平台等技术则为服装定制行业助力提供了更大的发展契机，也彰显出智能化生产得天独厚的优势。

从创立之初就对服装智能化发展有着构想的衣邦人服装定制平台，依托自主搭建的大数据系统（ERP、CMS、PAD 着装顾问 APP 等、2D 定制系统），研发智能推板、云裁剪平台等系统，打造完善的智能制造数据体系。此外，还搭建供应商开放平台，打通前端数据与后端工厂，搭建起衣邦人特有的服饰定制全线渠道，使衣邦人"互联网 + 上门量体 + 工业 4.0"的 C2M 模式不断得到创新发展，如图 4-11 所示为衣邦人智能化服装生产图。同时衣邦人通过 APP 连接客户，实现量体数据的存储和校验实时在线。如今衣邦人已研发并应用精准身材数据采集系统、大数据身型分析与预测系统、智能着装搭配应用和定制生产柔性组织系统等技术创新。2019年 9 月 4 日衣邦人正式对外宣布完成 4000 万元人民币供应链专项融资，专攻服装定制柔性制造。这些技术与工具可以帮助衣邦人为客户提供更优质的服务的同时，不断适应和满足用户新的需求。

畅想未来，互联网、移动互联网、物联网的全覆盖，信息技术和工业技术的交融，网络连接商家和顾客，智能设备提高生产质量和效率，不仅是衣邦人，服装定制行业乃至整个制造业都会加速转型，拥抱更大的可能。

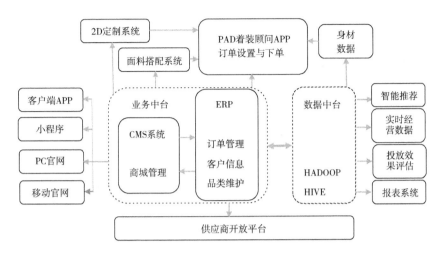

图 4-11　衣邦人智能化服装生产图

第五章
可持续物流

　　随着我国经济的发展和人民生活水平的提高，我国纺织服装和时尚产品消费市场愈发成熟。而时尚产品的市场渠道也由传统的批发市场、分销商、网点门店转向电商零售、网络直播销售。随着消费市场规模的扩大和线上消费比重的增加，时尚产业对物流的要求越来越高。从产品全生命周期来看，物流活动贯穿始终，从原材料的获取、产品的生产、运输、分销，直至到达消费者手中。因此，物流的可持续对于时尚产业的可持续发展至关重要，本章拟以服装产业作为时尚产业的代表分析时尚产业物流现状及其对环境产生的影响，进而提出时尚产业发展可持续物流的措施。

第一节 可持续物流的概念及内涵

一、可持续物流的概念

可持续物流的概念并不是最新提出的概念，实际上当我们的社会关注到可持续发展的那个时刻起可持续物流就已经开始存在了。随着现代工业的发展，人类的生产活动对环境的影响愈发明显。大量的能源消耗、排放物对环境的污染引发了全球气候异常、动植物灭绝等严重的环境问题。物流活动是连接生产和消费的重要环节，而物流活动要消耗大量的能源并产生较大量的污染物排放。从20世纪90年代开始，全球的"绿色浪潮"催生出诸多和绿色有关的词汇，绿色生产、绿色消费、绿色制造、绿色产品等，而绿色物流也在其中。绿色物流的产生就是可持续发展理念渗透至物流活动的体现。

目前，对于可持续物流并没有统一明确的概念，但是对于绿色物流国内外的一些学者给出了自己的观点。孙学军（2020）认为绿色物流也可以称为可持续物流（Sustainable Logistics），而对绿色物流其结合国内外研究成果给出的定义为：绿色物流是指以降低污染物排放、减少资源消耗为目标，通过先进的物流技术和面向环境管理的理念，进行物流系统的规划、控制、管理和实施的过程。姚驰、丁一、赵晨（2020）认为绿色物流是指在物流过程中抑制物流对环境造成危害的同时，实现对物流环境的净化，使物流资源得到最充分利用，它包括物流作业环节和物流管理全过程的

"绿色化"。

因此，可持续物流的概念可以理解为，以可持续发展为目标，利用先进的物流技术和可持续理念指导下的物流系统的建立来实现物流活动中污染物的减少、能源消耗的减少以及资源的合理、充分利用。

二、可持续物流的内涵

1. 可持续物流必须以可持续发展为目标

根据定义可以看出，可持续物流是以减少污染物、节约能约消耗作为主要目的，这也符合可持续发展的原则。物流企业活动最终都是以盈利为最终目标，实现的是经济利益，而可持续物流则是在满足企业经济利益的同时节约资源、减少污染，这就让物流活动具有了环境利益。随着环境保护的推进，人类及动植物生存环境改善，实现生态平衡，这就使可持续物流具有了社会利益。经济利益、社会利益和环境利益的统一就体现了可持续发展的目标。

2. 科技是可持续物流发展的驱动力

众所周知，互联网的发展带来了物流业巨大的变化，无论是居民消费习惯的改变还是信息化的推进都使物流行业规模持续扩大。科技的发展带来了产业的翻天覆地的变化，物流产业也享受着科技发展所带来的红利。以"低污染、低耗能、低成本、高效率"为发展核心的可持续物流必然需要先进科技赋能来实现资源的优化配置、路径优化选择及提高流通效率。大数据技术、物联网技术、区块链技术、云计算、智能分拣技术、自动识别技术等新兴技术已经逐步应用到物流产业成为可持续物流发展的驱动力。

3. 可持续物流应覆盖产品的全生命周期

一件产品从原材料开始到消费者手中，每一个环节都离不开物流活动，尤其是在分工细化的今天。例如，一件漂亮的衣服，首先从棉花被运送至纺织企业开始，棉花被纺成纱线，再运送至织布企业织成面料，被染色后运送至服装企业进行生产，同时服装上面的装饰五金从另外的五金工厂运送至服装企业。服装企业生产出成衣后运送至成衣仓储中心，再运送至区域分仓，根据需要再运至门店供消费者选择。消费者在丢弃服装的时候又会涉及废弃回收的物流运输。因此，在发展可持续物流的时候需要注意的是其活动范围要涵盖产品的整个生命周期。

4.社会全体都应是可持续物流的行为主体

可持续物流带来的经济利益、环境利益和社会利益并不仅仅是物流企业或者说某一个产业所独得的，社会全体均可从中受益。可持续物流要覆盖产品的整个生命周期，那么在产品整个生命周期中的所有企业都义务保证产品和包装的环保性，同时协调整个产业链来实现资源的合理优化配置。政府应该从政策制定和消费者教育方面着手推进可持续物流，例如对包装物的规定、环境污染指标的指定、对公众可持续消费的教育推广等。公众应该增加环保意识，采用更为环保的消费方式，同时对政府及企业的环保工作进行监督。因此，企业、政府及公众都应成为可持续物流的行为主体。

三、时尚产业可持续物流体系

孙学军（2020）提出，从生命周期的不同阶段看绿色物流活动，分别表现为绿色供应物流、绿色生产物流、绿色分销物流、废弃物物流和逆向物流；从物流活动的作业环节来看，一般包括绿色运输、绿色包装、绿色流通加工、绿色仓储等。

借鉴孙学军（2020）以及时尚产业的特征，可以从时尚产品的生命周期和涉及的主要物流活动的作业环节简单构建时尚产业的可持续物流体系，如图 5-1 所示。

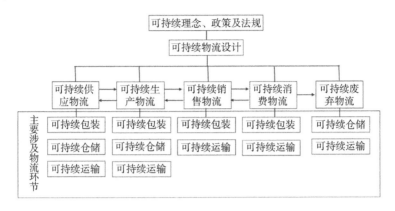

图 5-1　时尚产业可持续物流体系

在时尚产业可持续物流体系中最顶层的是可持续发展的理念、政策及法规，此部分的主要主体为时尚企业、物流企业、政府和公众。

在可持续发展理念及相关政策法规指导下进行可持续物流的设计，主要涉及时尚产业链的整合、可持续供应链的建设及物流公司的物流设计、问题解决方案。此部分主要由时尚企业和物流企业共同承担。

之后是根据产品生命周期链条中每个环节所产生的物流环节，由箭头可以看出，除了消费到废弃外其他环节之间均存在逆向物流。而每个环节涉及的物流环节主要包括包装、仓储和运输。其中，供应和生产包含全部作业环节，销售和消费则主要包括包装和运输，废弃部分则是仓储和运输。可持续供应物流、可持续生产物流、可持续销售物流的主体均为企业，可持续消费物流则不仅包括企业还包括消费者。

从物流作业的环节来看，可持续运输主要是由物流企业承担，可持续包装主要由时尚企业承担，而两者都需要承担可持续仓储。当然，不同模式下，时尚企业和物流企业所承担的可持续物流环节有所不同，此部分在后面的小节讨论。

由此可见，各个主体都应该根据其在时尚产业可持续物流体系中的位置明确自己的责任，推进时尚产业物流的可持续发展。

第二节　时尚产业物流流程及其对环境的影响

时尚产业的产品多以服装、鞋帽、箱包及配饰为主，这类商品具有独特的属性，其销售渠道决定了其物流的流程，也呈现出独特的特点。想要了解时尚产业的物流活动对环境产生的影响就要先明确其物流流程及特点。上节论述过，物流活动贯穿了产品的全生命周期，因此时尚产品的物流也包括生产物流、销售物流及回收物流。生产物流和回收物流相较于销售物流模式相对简单，且包括的物流活动和销售物流相似，因此，本节主要以更受关注的销售物流作为切入点进行论述。

一、时尚产业物流流程及其特点

1.时尚产业物流流程

一个产品的销售渠道决定了其物流流程。以服装为例，我国是目前纺织服装最大的生产国和消费国，在国内具有完整的产业链。传统的服装销售渠道为厂家直销和分销商代理销售，这两种渠道的主要形式是商场专柜和门店。随着互联网经济的发展，服装的销售渠道变得更为碎片化，形成了电商销售及微商等个人代理销售。其他时尚产品的销售渠道和服装大体相同。根据其主要销售渠道可以绘制出物流的流程，如图 5-2 所示。

一件服装或者说一件时尚单品从工厂被生产出来后转运至成品仓，也就是图示中的中央仓储。从图 5-2 中可以看出，商品从中央仓储到达门店有两条路径，第一条路径是从中央仓储发送至各区域分仓，再由各区域分仓发送至各个门店；第二条路径是由中央仓储直接发送至门店。商品到达消费者手中有三条路径，第一条是由中央仓储直接发送至电商区域仓，然后由电商区域仓直接发送给消费者；第二条是消费者前往门店进行消费购买；第三条是由门店采取即时配送的方式发送至消费者手中。

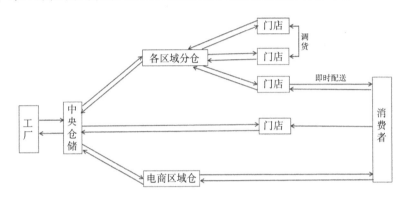

图 5-2　时尚产业物流流程图

从图中可以看出，很多环节的箭头是双向的，主要原因是时尚产品存在的逆向物流较多。从工厂到中央仓储，入库前要经过验货、分货和扫描登记，验货过程中的不合格品则会由中央仓储返回至工厂。各区域仓、电商区域仓产生的换货和库存也会通过物流返回至中央仓储，门店和各区域仓之间也会产生退换货的物流活动。而消费者和门店、电商区域仓之间会产生退换货的物流活动，门店和门店之间也会产生调货的物流活动。

从时尚产业物流流程中可以看出，时尚产业物流主要的物流活动包括运输、包装和仓储。运输包括图示中所有箭头部分，即商品从工厂到消费者手中可能走到的所有路径。包装包括商品出厂时的外包装、为了运输所做的外包装。仓储包括中央仓储、各区域仓、电商区域仓及各门店的仓储。

2. 时尚产业物流的特点

随着互联网经济的发展，传统的时尚行业销售模式被打破，由大规模的批量化转向碎片化、小批量。同时，随着人民生活水平的提高，消费者对商品的需求呈现了个性化、多元化的特点，对商品的更新速度提出了更高的要求。这些时尚产品和其他消费品不同的特点也使其物流呈现出不同特点。

一是季节周期性明显。时尚产品特别是服装具有非常强的季节性，四季更换比较明显，具有一定的周期性且供应链周期比较短。同时，"6.18"和"双十一"等电商促销季已经俨然成为全国人民消费的节日，以服装企业为代表的时尚企业也纷纷积极投身其中，冲击销售高峰。根据《中国物流发展报告（2019—2020）》，以"双十一"为例，日单量可以达到平时单量的 50～100 倍，各大服装企业的日销售额都近 20 亿元。而这些企业往往是需要提前两个月来备战"双十一"的库存和物流能力，甚至需要停止部分门店的物流来保证"双十一"的发货。同时，由于电商促销季物流出现的销售高峰给企业带来了临时用工的问题，短期暴增的分拣需求无法通过自动化分拣设备解决，因此企业需要大量的临时工人来应对物流分拣。而工资的大幅上涨、人员素质的良莠不齐给企业物流带来了不确定性的影响。

二是运输频率较高。由于时尚商品的消费者相对比较分散，因此其物流呈现了小批量、多品类、多批次、多环节的特征。特别是新零售模式的提出，消费者对于时尚产品的设计更追求其独特性，对上新频次要求更高，购买频率也越来越高，这对时尚产业物流的速度提出了更高的要求。因此，时尚商品的运输频率也较其他消费产品的运输频率更高。

三是仓储管理要求高。第一，时尚产业的 SKU 较多。SKU 是指保存库存的最小库存单位，以服装为例，一件女士外套的红色 S 码为一个

SKU。那么，假设这款女士外套有 S、M、L、XL、XXL 码共 5 个码数，有红、绿、白 3 款颜色，那么这款女士外套就有 15 个 SKU。一个款式就会对应十几个甚至几十个 SKU，而款式也是决定了时尚产品是否热销的关键，所以大部分时尚企业会在一年中不断推出新的款式。每年的上新总数可能会达到两万个 SKU，甚至十几万的 SKU。如此多的 SKU 对物流的仓储管理能力提出了非常高的要求。第二，时尚产业的库存压力大。由于时尚产品本身具有季节性和流行性的属性，所以更新淘汰的速度非常快。由于 SKU 过多，为防止每个 SKU 的断货问题，企业会因此积压库存，而库存的积压可能直接影响企业的资金周转和经营。因此，如何提高仓储和物流效率、科学解决库存积压问题成为时尚产业物流需要亟待解决的问题。

四是逆向物流较多。逆向物流主要来自消费者的退换货。门店的退换货问题相较于电商销售较小，因为门店可以提供试穿试用，消费者通过试穿试用可以感受商品的材质、上身效果及实际的颜色状态。线上销售由于无法提供试穿试用的服务，导致消费者因号码不对、色差严重及效果和预期相差较大等问题退换货，加上电商的 7 日无理由退换货规则，线上销售产生了大量的退换货问题。特别是电商促销季后由于叠加冲动消费因素，退换货的比例会更高，以服装为例，其退货率在 30% 左右。退换货后的商品需要重新进行质量检验、包装、分拣、运输等，这就使物流成本进一步提高。

二、时尚产业物流对环境产生的影响

根据孙学军（2020）的分析，物流企业可能对环境产生的影响如表 5-1 所示。从宏观角度来讲，整个物流系统的功能要素（包装、运输、仓储、装卸等）和网络要素（物流中心、港口、节点、运输线路等基础设施）都可能对环境产生不利影响，包括资源、能源的消耗，各种废气、废水、固体废弃物的排放、噪声等。而物流系统对自然环境的扰动可以分为对资源的消耗和对环境的污染。

表 5-1　物流企业的环境问题

项目	环境问题的主要内容
运输工具、物流设备	运输工具、物流设备转运时所耗的燃料，运输工具、物流设备运转时对周围环境造成的污染
商品保管	有毒、有害物资的侵蚀引起的仓库固定资产折扣、对周围环境的污染，日常发生泄漏时对环境的污染
包装	包装物污染
搬运、装卸	搬运、装卸时有害物质泄漏、挥发对环境的污染，清洗车辆时排出的废水对环境的污染

资料来源：孙学军《绿色物流理论与实践》，科学技术文献出版社。

从上一节的论述中可以知道，时尚产业物流主要的物流活动包括运输、包装和仓储，此小节将从这三个主要的物流活动来讨论时尚产业物流对环境产生的影响。

1. 运输环节对环境产生的影响

运输环节是物流活动的核心环节，也是资源消耗和环境污染的主要环节。目前，主要的物流运输工具有飞机、火车、船舶、货车、管道等，其中时尚产业的跨城市运输主要涉及的运输工具是货车和飞机，即公路运输和航空运输。在城市网点向消费者派送过程中主要涉及的工具为电瓶快递车。

公路运输主要消耗的能源包括生产汽车所消耗的矿产资源，以及汽车本身消耗的石油、天然气。公路运输对环境的污染主要来自汽车运行中所产生的排放物、噪声等。公路运输所产生的主要废气、来源以及危害如表 5-2 所示，可见公路运输对城市环境、空气质量、人类健康都产生了比较大的危害。噪声的污染来自汽车运行过程中产生的动力噪声和轮胎噪声，城市噪声的 70% 来自交通噪声，其中载重货车的噪声要高于货车和一般汽车。噪声污染会引发人的身心健康受损。

表 5-2　公路运输产生的主要废气的来源和危害

废气	来源	危害
重金属	如有机铅化物，作为防爆剂加入汽油中	影响儿童智力、肾脏、肝脏和生殖系统
颗粒物（直径为 0.0002~500μm 的灰尘、烟尘、烟雾、气溶胶）	石棉微粒、轮胎和刹车磨损产生的颗粒，发动机燃油燃烧产生的物质	有毒或携带着有毒的微量物质，酸雾
二氧化碳	矿物燃料燃烧	温室效应
一氧化碳	燃料不完全燃烧的产物，总排放量的 90% 是运输工具产生的	会阻碍血红细胞与氧结合，降低身体的抵抗力；产生光化学烟雾
氮氧化物	矿物燃料燃烧	呼吸困难、水肿；在下雨天形成酸雨，伤害动植物、腐蚀建筑物、影响土壤和水质
二氧化硫	矿物燃料燃烧，总排放量的 5% 是运输工具产生的	支气管炎，呼吸系统疾病，酸雨
碳氢化合物，挥发性有机化合物——甲醛、苯酚、光气、苯、四氯化碳、聚氯化二苯	石油燃料的不完全燃烧	形成光化学烟雾

资料来源：孙学军《绿色物流理论与实践》，科学技术文献出版社。

　　航空运输带来的环境问题一是能源燃料的消耗，二是水污染、大气污染、固体废物污染及噪声污染。城市快递派送的电瓶快递车造成的能源消耗为制造电瓶车所耗费的矿产资源及电能，产生的污染主要是噪声污染。

　　2. 包装对环境产生的影响

　　随着商品经济的发展，商品的种类和消费数量越来越多，商品包装及物流包装规模越来越大。包装既可以保持商品的质量、有利于商品的运输，优质的包装还能达到促进销售的效果，但是由于到达消费者手中的商品包装大多数为不可回收包装，以及过度包装问题的存在，包装所消耗的资源及产生的环境问题不容忽视。目前，主要的包装材料包括纸质包装、塑料包装、金属包装和玻璃包装，在时尚产业中使用更多的是纸质包装和塑料包装。

从对资源的消耗方面来看，纸质包装主要消耗的是木材。大量的纸质包装、硬纸箱和硬纸板都需要耗费大量的树木资源，过度砍伐必然带来水土流失、植被破坏、土地沙化等生态问题。塑料包装是第二大包装材料，并且增长速度非常快，不仅仅在商品包装本身大量使用，在物流包装、填充物中也大量的使用。塑料材料包含聚乙烯、聚丙烯、聚氯乙烯、聚酯等，这些材料主要都是来自石化材料，需要消耗大量的原油。

从对环境的污染来看，这些包装物最终到达消费者手中后大多数都成为不能回收、不可再利用的垃圾，必然带来大量的固体废物垃圾污染。固体废物垃圾是目前大城市最为头疼的病症，大量的固体废物垃圾需要处理并将消耗大量的人力、物力和财力。固体废物垃圾的处理方式主要是填埋和焚烧，填埋过程需要越来越多的土地并且会对周围生活环境产生不良的影响，影响周围居民的生活，并且一部分化学合成材料很难在土地中降解，而焚烧固体废物垃圾又会带来空气污染的问题。

3. 仓储环节对环境产生的影响

仓储环节是提高物流效率非常重要的环节，建立物流中心对健全物流功能、建立物流网络非常重要。时尚产业的物流仓储有两种，一种是企业的自建仓，另一种是依托物流企业的物流集散中心。

从物流中心的建设和运营对资源的消耗方面来看，物流中心的建立首先需要消耗巨大的资源和资金。物流中心往往需要占用大量的土地，使用大量的建筑材料，需要大量的配套的基础设施建设和配套资源，并且建设周期往往很长。运营期间持续运转需要消耗大量的电力，以及需要装卸车辆和运输车辆进行装卸搬运作业。这都需要投入大量的矿产资源、能源和人力。

从物流中心的建设和运营对环境的污染方面来看，首先物流中心的建设会产生大量的固体废物垃圾，也会带来噪声污染。仓储过程中由于需要保持通风，物流中心大量的装卸车辆可能会带来噪声污染。同时，运营过程中也会产生固体废物垃圾的排放。

第三节　时尚产业物流发展现状

一、时尚产业物流发展现状

我国经济的快速发展、居民消费能力的提升，促进了时尚产业快速发展。以最具代表性的纺织服装产业为例，根据《中国纺织工业发展报告》披露的数据，目前我国纺织服装企业达 3.8 万家，2019 年共生产 244.72 亿件服装。全年限额以上单位服装鞋帽、针纺织品类商品零售额为 13517 亿元，同比增长 2.9%；纺织服装、服饰业规模以上企业累计实现营业收入 16010.3 亿元，同比下降 3.4%；2019 年我国完成服装及衣着附件出口额 1513.7 亿美元，同比下降 4%；全年全国实物商品网上零售额 85239 亿元，在实物商品网上零售额中，服装类商品增长 15.4%。服装市场规模的持续扩大带来了服装物流规模的扩大，也呈现了一些具有特点的发展趋势。根据《中国物流发展报告》所披露的内容可以总结目前服装物流行业所具有的一些特点。

1. 服装物流的市场主体众多

服装市场的规模不断扩大，服装的体量也在不断增大，服装物流市场的规模也在不断扩大，使更多的市场主体加入进来。首先，国内优秀的服装品牌为了提高自身的服务质量和对市场需求的快速响应能力纷纷建立了自己的大型物流中心，安踏、波司登、海澜之家等著名服装企业都建立了智能仓储中心。其次，先进的服装企业和物流企业建立战略联盟关系，达成战略合作，取得双赢。例如，京东物流和绫致集团、特步、李宁、红豆股份及如意集团等知名服装企业结成了战略合作关系。这也推动了京东物流进军时尚产业的物流市场，京东物流已经将服装物流作为其重要业务板块进行发展。

目前，越来越多的传统物流企业进入服装物流市场。中国邮政、顺丰、德邦快递等传统物流企业都将服装物流作为重点进行业务拓展。美团、饿了么等即时物流也通过战略合作进入服装物流市场。同时也出现了专门为服装行业服务的专业的第三方物流。因此，服装物流市场中呈现了多主体的特点。

2. 线上销售渠道推动物流行业发展

互联网技术的发展给人们的生活带来了翻天覆地的变化，居民的消费习惯也随着网络销售推广而发生了巨大的变化，线上线下同时发展成为服装企业发展的主要方式。线上市场的巨大销售量推动了服装物流的发展。

首先，在国内电商主要的购物季"双十一""6·18"等大促活动中，服装品类的销售量一直排名前列，知名服装品牌的日销售额可以达到10亿元以上。大量订单的增加对服装物流的快速反应能力、仓储能力、运输能力都提出了巨大的挑战，正是在这样的压力下，服装物流才快速壮大起来。从第一次的"双十一"爆仓、货物久久不能运达到今天的消费者可以在"双十一"当日拿到商品，这背后是高效供应链的发展和物流效率的大幅度提升。其次，直播带货的兴起给物流行业提出了新的挑战。2019年被称为"淘宝直播元年"，同时，抖音、快手等自媒体的网红主播也开启了直播带货。这些平台培养出一大批具有带货能力的网络主播。直播带货的粉丝群体固定，很多采用了预售制的模式进行销售，因此其对供应链的反应能力、协同能力和物流能力提出了更高的要求。未来，直播带货将带来更大的销售市场，这会对物流提出更高的要求，也必然推动服装物流行业的发展。

3. 智能化和自动化是发展趋势

人工智能、大数据应用成为近几年的热点。服装行业 SKU 较多，对物流的精细化程度要求很高。人工智能和自动化技术在物流中的应用解决了原来物流行业分拣能力不够的问题。例如，ABB 机械手臂应用在出入库、嘉峥自动输送分拣装备应用在出入库、德马泰克自动化仓储智能解决方案、林德搬运机器人应用在仓储储存、极智嘉机器人应用在货到人拣选、凯乐士穿梭车应用在出入库。受电商行业影响，一大批服装品牌在物流基地逐步引进自动化仓储、包装和分拣技术，出现了一大批无人仓项目，例如，波司登常熟仓、安踏晋江仓、海澜之家无锡仓、太平鸟慈溪仓、森马电商平湖仓。❶

4. 服装物流的服务质量和管理模式日渐成熟

国内物流行业近几年快速发展，这得益于机场、高铁、高速公路等基础设施的不断完善、得益于科技在物流行业的应用、得益于新零售模式的发展。这些也成为服装物流提高服务质量、提升服务效率的重要保障。国内服装企业为应对消费者需求的变化、销售模式的变化，也纷纷加强对供应链的管理，整合供应链资源，建立价值链物流体系。例如，鸿星尔克建立"科技 + 新零售 + 共享"的新物流跑道；安踏自建物流中心，形成"中央仓 + 区域仓 + 分仓"的物流模式等。无论是自建物流中心、采用第三方物流还是和其他物流企业进行战略合作，服装物流的整体服务质量得到了提升。

---

❶ 胡晶艳.《2019 年服装物流市场发展回顾与 2020 年展望》,《中国物流发展报告 2019—2020》, 第 354 页。

二、时尚产业物流模式及案例

聂树军（2018）按照物流企业类型将服装物流类型划分为企业物流、第三方物流、电商物流及即时配送物流四类。

1. 企业物流

企业物流是指服装企业自建物流体系来满足自身的物流发展需求，其主要做法是建立自己的仓储和物流中心，进行批量的存储和运输来提高物流效率。其主要的物流流程如图5-3所示，服装从工厂生产完成后集中运送至中央仓储，之后根据需求运行至各区域分仓、电商区域仓或者直接送至门店，此时门店作为前置仓具有了仓储的功能。从各个分仓再由外包物流运送至消费者手中，或者由消费者到门店进行消费。

服装企业自建物流是对原有批发模式物流的模式改革，提升了一部分物流的效率，但是依然具有一定的局限性，其主要通过建立仓储和物流中心的方式提高效率，在运输和配送的环节依然需要引入第三方物流。而且，自建物流中心和仓储中心需要投入一定量的资金，这种模式仅适合具有一定资金实力、规模比较大的服装企业。

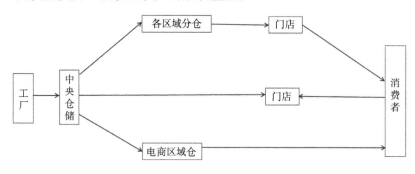

图 5-3　企业物流流程

具有代表性的自建企业物流模式的代表是安踏。其物流根据全国门店销售体系，建立了"中央仓 + 区域仓 + 分仓"的物流模式，通过分仓覆盖临近的区域门店的形式进行商品运输配送。通过自建物流中心，以招标的方式将干线运输外包，末端门店配送阶段与同城第三方物流合作，以只控节点的形式搭建其服装物流。当前由于市场需求的变化及物流成本控制需要，"中央仓＋区域仓＋分仓"的模式开始转变，形成中央仓直配全国门店、电商前置仓、高销售区 DC 仓、前店后仓等多种形式相结合的物流模式。❶ 除了安踏，波司登、太平鸟、海澜之家等企业也建立了自己的物流中心，"一仓发全国"成为目前大多数服装企业自建物流的选择。

2. 第三方物流

第三方物流是指第三方物流企业来做服装物流，它可以是专门服务服装行业的物流企业，也可以是专业的综合物流企业。第三方物流企业由于是专业化的物流服务的提供方，可以提供更为标准化的服务，同时服务能力也相对比较强。其可以运用自身完善的信息管理能力、运送仓储能力为服装企业提供定制化的稳定的服务。

具有代表性的案例是春风物流。春风物流是专门服务服装行业的物流公司。上海春风物流股份有限公司是一家专业、规范的物流仓储配送供应链综合服务提供商，其在同行业细分市场中独树一帜，得到了国内服装行业的认可，在服装物流行业享有很高的声誉。春风物流以市场为导向建立现代企业制度，拥有国际上优秀的第三方物流企业级的物流信息系统，通过了 ISO 9001:2000 质量管理体系和 4A 认证。春风物流从成立之初就致力于服装物流综合性业务，其物流网络遍布国内各大重要城市，在北京、武汉、广州、成都、上海等五个城市设有分拨中心（RDC），在全国二三四线城市建立了自己的网点。截至目前，春风物流服务于国内许多知名服装、鞋类、休闲品、床上用品的企业。❷

---

❶ 聂树军.《ZARA、安踏、春风、品骏等服装物流模式分析》，联商网。

❷ 上海春风物流股份有限公司官网 https://www.spring56.com/index.php。

春风物流的主要业务包括运输业务、仓储服务及其他服务三个模块，如图 5-4 所示。其中运输业务包括干线＋终端配送、逆向物流、整车业务；仓储服务包括系统支持、仓储方案设计、仓配一体化；其他服务包括服饰库存销售、物流金融。

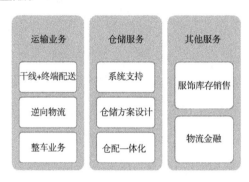

图 5-4　春风物流主要业务模块

资料来源：根据春风物流官网披露内容整理。

春风物流的仓配一体化系统为其发展愿景，旨在打造"服装仓储 NO.1"为第一发展战略，致力于为商家提供高效低成本的全国 B2B＋B2C 仓储及配送整体解决方案。通过不断改进自身的服务水平，支持客户的业务发展，解除客户的物流后顾之忧。帮助客户改善物流体验，帮助客户甩开物流包袱，通过优越的运作策略、技术和供应链运作，整合资源实施提高仓配的效率，如图 5-5 所示。

但是春风物流的经营也存在一定的局限性，其覆盖范围不够广泛，目前春风物流收缩至局域网，专注于江浙沪地区的服装物流配送，全国网络覆盖能力不够。

3. 电商物流

电商物流是指电商品台建立的物流系统，主要具有仓配一体化的特征，利用互联网大数据技术建立更为合理的物流体系。通过提前将产品调运至区域分仓或者前置仓实现即时配送。具有代表性的案例是京东物流。

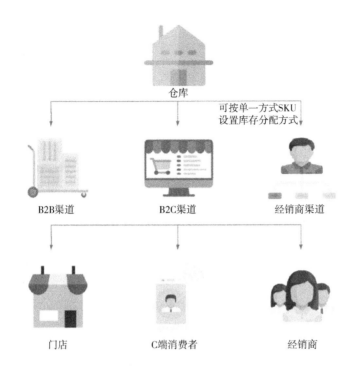

图 5-5　春风物流仓配一体化愿景图

资料来源：上海春风物流股份有限公司官网 https://www.spring56.com/index.php。

京东集团 2007 年开始自建物流，2017 年 4 月 25 日正式成立京东物流集团。京东物流是中国领先的技术驱动的供应链解决方案及物流服务商，以"技术驱动，引领全球高效流通和可持续发展"为使命，致力于成为全球最值得信赖的供应链基础设施服务商。京东物流建立了包含仓储网络、综合运输网络、配送网络、大件网络、冷链网络、跨境网络在内的六大网络，服务范围几乎覆盖中国所有的地区、城镇及人口，不仅依托卓越的客户体验和品牌形象，建立了中国电商与消费者之间的信赖关系，还通过211 限时达等时效产品和上门服务重新定义了物流服务标准，让约 90% 的京东零售线上订单可以当日或次日达。截至 2020 年 9 月 30 日，京东物流在全国运营超过 800 个仓库，包含云仓面积在内，京东物流运营管理的仓

储总面积约 2000 万平方米。❶

京东物流建立了仓配逆一体智能供应链服务体系为其客户提供服务，如图 5-6 所示。同时，京东物流为服饰行业提供了多种物流解决方案，如表 5-3 所示。

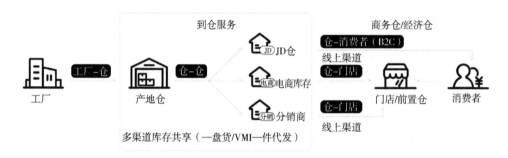

图 5-6　京东物流仓配逆一体智能供应链服务

资料来源：京东物流官网 https://www.jdl.cn/。

表 5-3　京东物流为服饰行业提供的物流解决方案

解决方案	服务内容
服饰门店场景一体化配送服务	依靠京东物流仓配网络的能力及多元化的物流服务产品为服饰门店场景打造定制化的供应链解决方案，实现门店库存优化、门店调拨、门店直发等多层级服务
服饰线上线下全渠道仓储服务	基于零售变化以品牌中心仓、区域仓等为核心提供线上线下一盘货的全渠道物流解决方案，实现工厂、仓储、门店、C 端用户全场景供应链服务
服饰正逆向增值服务	提供服饰正逆向增值服务，规范增值服务标准，结合京东物流自动化设备应用提升服饰增值服务运营效率
服饰供应链网络升级	协助品牌商优化供应链网络，合理进行品牌仓网及多级库存布局，门店智能补货设计等，提升整体供应链效率

资料来源：京东物流官网 https://www.jdl.cn/。

4. 即时配送物流

即时配送物流是指消费者通过平台进行下单，平台将订单推送至骑手，骑手到服装门店进行取货再将商品送至消费者手中，是终端配送的一

---

❶ 京东物流官网 https://www.jdl.cn/。

种新的方式。这种服装行业物流和即时配送物流相结合的方式出现在 2018 年，许多服装企业和即时配送物流平台展开合作，及时为消费者送达商品，提升消费者的购物体验。比较具有代表性的案例是海澜之家和美团的合作，如图 5-7 所示。

2018 年，海澜之家入驻美团，从此消费者可以通过美团和大众点评下单购买海澜之家的商品，而即时配送物平台为客户提供"一小时速达""林更新私人造型师""精准定位，随叫随到""近 5000 家门店，密集覆盖""便捷换货，后顾无忧"的六大服务。海澜之家和美团的合作开启了海澜之家"场景 + 新零售"的销售模式。海澜之间在其官方微博上模拟了五种场景：面试、吃饭、尴尬瞬间、减肥和危急时刻的销售模式。

图 5-7　海澜之家和美团的合作

图片来源：海澜之家官方微博。

服装企业和即时配送物流平台的合作丰富了服装物流的模式，也有助于提升消费者的体验。但是这种模式的缺点也较为突出，一是它从购物体验上来说和淘宝等平台相近，即通过网络浏览完成购买，但是本质上这种模式是将门店作为前置仓，那就决定了其仓储能力的局限性，若没有相应产品需要调货，那就无法完成短时间的配送。二是服装消费并不是应急型消费，也不是每日必需品，所以更多的消费者倾向于货比三家，或者更享受逛街带来的乐趣，因此这种配送方式如果脱离场景将发展困难。

第四节　时尚产业发展可持续物流的措施

随着销售渠道线上线下的不断拓展，时尚产业物流量呈现了爆发式的增长，随之而来的就是环境问题，大量的包装物变成了固体废物垃圾排放到环境中，大量的运输车辆排放污染空气，仓储过程中的噪声和有害气体排放。在时尚产业的物流中推行绿色的可持续的发展是未来整个产业发展的重要举措。

一、实现可持续运输的措施

1. 发展第三方专业化物流

第三方专业化物流是指由专业的物流公司专门承担买卖双方的物流运输及仓储工作。第三方物流的介入是社会分工专业化的体现，由更为专业的专门物流公司承担物流工作可以优化资源、合理安排运输路径，减少不必要的资源浪费。第三方物流，特别是专注于服务某一个行业的专业物流，可以以全局视角来考虑物流的成本、环节的合理性，可以在更广阔的范围内考虑资源的配置问题。目前顺丰、京东物流都将服装作为主要板块进行发展，春风物流专注服装物流领域，这些专业化的第三方物流公司的加入可以更加有利于时尚产业物流的可持续化发展。时尚产业规模的扩大必然带来更多的物流需求，更多的第三方专业化物流企业的加入将是未来的重要发展趋势。

2. 清洁能源运输工具选择

前文对时尚产业物流的运输工具及其带来的污染进行了论述，可以看出公路运输和航空运输是主要手段，汽车和飞机是主要的运输工具。其中汽车使用频率更高，在公路运输中可以选用清洁能源的汽车作为运输工具来减少有害气体的排放。长途运输主要还是以燃油车为主，未来可以推广使用氢能源汽车。氢能源汽车热值高也不会产生有害气体，缺点是成本较高及储运不便。在短途和城市内运输中可以选用电动货车作为主要运输工具，电动车的推广和配套设施目前已经越来越完善，未来应该大力推进电动车的使用。

3. 提高运输信息化

物流运输最重要的就是效率，不适当的物流规划可能带来的不仅仅是效率降低，还会带来能源消耗和污染物的增加。例如，路径规划不合理、物流节点布局不合理、信息共享程度不够等问题都会造成重复运输，既增加了成本又污染了环境。因此，在发展时尚产业可持续物流时应更重视运输的信息化。大数据、云计算等互联网技术已经日渐成熟，这些技术可以应用到物流行业中，通过计算得到更为合理的运输路径，减少重复运输。同时加强时尚企业和物流企业、物流企业之间的信息共享，减少车辆空载、半载情况，提高运输效率。

二、实现可持续包装的措施

1. 减少一次性包装材料的使用

一次性包装材料不仅会带来固体废物垃圾的增加还会带来资源的巨大浪费。减少一次性包装材料既可以节约资源又可以减少污染。从时尚企业的角度来说，在门店经营过程中可以考虑倡导消费者减少使用购物袋，提倡使用自己的可循环使用的购物袋。在网络销售中考虑使用可以再利用的包装，消费者购买了商品后，商品包装本身也可以被使用。减少商品的过度包装，提倡简约的包装。从物流企业的角度来看，可以在物流包装中选用可重复使用的包装，减少包装的固体垃圾排放，也能降低物流成本。

2. 开发新型的环境友好包装材料

无论如何重复利用，包装材料最终都会变成固体废物垃圾排放到环境中，进而增加自然环境消解废弃物的负担。特别是塑料包装在自然环境中很难降解，焚烧也会对大气造成污染。因此，应该大力开发并使用对环境友好的新型材料作为包装材料。首先，可以使用可降解材料替代原有的不可降解的塑料，目前很多的时尚企业使用纸袋代替了塑料袋。其次，开发可降解的塑料，目前已经有可以在自然界自然降解并且无毒无害的塑料，但是价格偏高难以推广。最后，可以开发可回收、可再次使用或利用的材料。可再生材料的利用可以提高资源的利用率、减少污染。

3. 建立包装材料回收体系

即使包装材料是可回收再利用的，但是如果没有完善的回收体系就无法完成其循环利用。因此，需要多方合作建立起包装材料的回收体系才能让这些"垃圾"循环起来。首先，政府应该从法律法规的角度明确包装废弃物的回收再生的责任并制定相关的标准，对消费者进行相关的教育，对积极进行包装回收的企业给予相应的优惠政策。其次，物流企业和时尚企业也应该积极承担相应的义务，制定相应的回收机制。倡导消费者在使用后将包装材料投放入回收渠道而不是直接丢弃。

三、实现可持续仓储的措施

1. 能源的节约

仓储中心在运营过程中会消耗大量的电力和水资源，因此，在仓储环节应该积极推进清洁能源的使用。例如，利用太阳能发电，减少不必要照明等措施。在设计仓储中心的时候充分考虑其照明设计、光伏发电设计、自动化运作的设计，减少不必要的能源浪费。在水资源的利用上，应该充分考虑水资源的可循环利用。例如，使用雨水收集系统灌溉仓储中心的绿化带。

2. 物流供应链的整合优化

时尚产业物流具有小批量、多品种、多环节的特征，因此更需要通过供应链的整合优化来推进整个产业的物流向集约化、高效率发展。物流企业应该建立供应链一体化管理机制，为时尚产业提供综合解决方案，进而提升整个物流体系的运作效率。

3. 智能化仓储的应用

科技赋能物流行业将是未来的重要发展方向。时尚产业物流运输频次高、逆向物流多，给仓储环节也带来了很大的挑战。物流企业应该大力推进智能化、自动化的仓储系统，推进自动分拣、大数据、云计算等先进技术在仓储环节的应用。智能化仓储系统的建立有利于物流企业合理规划仓储空间，在减少仓储中心的人力资源的耗费的同时为客户带来高质量的服务。

四、可持续物流案例——京东物流

1. 智能化物流体系提高了物流效率

京东物流集团于 2017 年 4 月 25 日正式成立，是中国领先的技术驱动的供应链解决方案及物流服务商。服务产品主要包括仓配服务、快递快运服务、大件服务、冷链服务、跨境服务等。2020 年，京东物流为超过 19 万企业客户提供服务，针对快消、服装、家电、家居、3C、汽车、生鲜等多个行业的差异化需求，形成了一体化供应链解决方案。基于 5G、人工智能、大数据、云计算及物联网等底层技术，京东物流持续提升自身在自动化、数字化及智能决策方面的能力，不仅包括通过自动搬运机器人、分拣机器人、智能快递车等，在仓储、运输、分拣及配送等环节大大提升效率，还自主研发了仓储、运输及订单管理系统等，支持客户供应链的全面数字化，通过专有算法，在销售预测、商品配送规划及供应链网络优化等领域实现决策。目前，京东物流已运营40多座"亚洲一号"大型智能仓库。

2. 构建协同共生的供应链网络

作为共生理念的倡导者和实践者，京东物流持续致力于与合作伙伴、行业、社会协同发展，构建共生的物流生态。自从2017年正式宣布独立以来，京东物流与中远海运、中铁快运、哈铁快运、雅玛多、国货航、东航、南航、海航、齐鲁交通等200余家行业领军企业开展合作，不断丰富和完善共生物流生态体系，搭建海陆空一体化的全球智能供应链基础设施。京东物流通过战略签约、颁发共生伙伴等形式，整合社会化物流企业的资源，增强协同作战能力，推动行业打破既有边界走向融合，力促共生共赢。未来5~10年，京东物流将携手社会各界共建全球智能供应链基础网络（GSSC），推动全球供应链的智能化发展，促进社会商业形态转型升级，全面降低社会成本，提高流通效率。京东物流创新推出云仓模式，将自身的管理系统、规划能力、运营标准、行业经验等用于第三方仓库，通过优化本地仓库资源，有效增加闲置仓库的利用率，让中小物流企业也能充分利用京东物流的技术、标准和品牌，提升自身的服务能力。

3. 可持续发展的"青流计划"

2017年，京东物流联合九家品牌共同发起绿色供应链行动——青流计划，通过京东物流与供应链上下游合作，探索在包装、仓储、运输等多个环节实现低碳环保、节能降耗。2018年京东集团宣布全面升级"青流计划"，从聚焦绿色物流领域，升级为整个京东集团可持续发展战略，从关注生态环境扩展到人类可持续发展相关的"环境（Planet）""人文社会

（People）"和"经济（Profits）"全方位内容，倡议生态链上下游合作伙伴一起联动，以共创美好生活空间、共倡包容人文环境、共促经济科学发展为三大目标，共同建立全球商业社会可持续发展共生生态，如图5-8所示。

"青流计划"从绿色包装、新能源车辆的使用、节能仓储和公益回收几个方面开展并取得了很好效果。

图 5-8　京东"青流计划"商标

图片来源：京东物流官方网站 https://www.jdl.cn/。

绿色包装：京东物流采用的可循环快递箱"青流箱"已应用于仓储、B2B等多个业务，实现供应链从厂家端到消费者端的包装绿色循环，如图5-9所示。

图 5-9　青流箱

图片来源：京东物流官方网站 https://www.jdl.cn/。

"青流箱"采用可复用材料制成，箱体正常情况下可以循环使用20次以上，破损后还可以"回炉重造"，对环境零压力。截至目前，京东物流已在全国近30个城市投放"青流箱"超过1000万次。同时京东物流在包装过程中减少胶带的使用，目前已经减少胶带1亿米，连起来可绕赤道2.5

圈。使用可循环生鲜保温箱来替代白色泡沫箱，每年可以减少3339万个，如图5-10所示。

图5-10　可循环生鲜保温箱

图片来源：京东物流官方网站 https://www.jdl.cn/。

新能源车辆的使用：京东物流已经在全国近40座城市推广使用了5000多台自营的新能源物流车，如图5-11所示。同时联合合作伙伴，在全国建设及引入充电终端数量1600多个，保障京东物流及合作伙伴新能源物流车辆的充电服务。京东物流也是中国首个引入使用氢能源车的物流企业，已在上海、广州、佛山三座城市常态化使用氢能源物流车。

图5-11　京东物流的新能源车辆

图片来源：京东物流官方网站 https://www.jdl.cn/。

节能仓储：在仓储建设上，京东物流作为国内首家建设分布式光伏能源体系的企业，上海亚洲一号实现了仓储屋顶分布式光伏发电系统应用，如图5-12所示。预计到2030年，京东物流将搭建全球屋顶光伏发电产能最大的生态体系，联合合作伙伴建设光伏发电面积达 2 亿平方米。京东物流还积极推进屋雨水收集系统，上海亚洲一号的地下有一个巨大的蓄水池，可以储存雨水并用于园区绿化区域的灌溉。

图 5-12　京东物流分布式光伏发电系统

图片来源：京东物流官方网站 https://www.jdl.cn/。

公益回收：京东物流联合京东公益向全社会发起旧物回收计划，截至目前，京东小哥上门回收了约 150 万件闲置衣物、40 万余份闲置玩具、1 万余单过期药品、100 万个纸箱。回收物资通过捐赠、再循环，减少碳排放量 2400 吨。特别是京东物流纸箱回收项目，目前已全国覆盖，日均回收量 11000 个二手纸箱，截至目前回收纸箱总量约为 540 万个，被回收的纸箱会集中到营运站点进行二次利用。

第六章
纺织品服装废弃
环节可持续

第一节　废旧纺织品服装回收处理现状

废旧纺织品是指在生产至消费整个过程中被废弃的纺织材料及其制品，包括废纺织品和旧纺织品。废纺织品是指在纺丝、纺纱、织造、印染、裁剪等生产过程中产生的废料；旧纺织品是指使用过后被淘汰的服装、家用纺织品及其他纺织品等。

目前纺织品服装行业对废旧纺织品来源、回收、再利用等数据的收集和统计并没有形成统一的体系。据中国物资再生协会对中国每年废旧纺织品回收量的统计，2018 年回收量为 380 万 t，较 2017 年同比增长 8.6%。2015 年中国纺织工业联合会在参考国内纤维的生产和消耗量、行业经验及业内专家意见的基础上，对 2014 年中国废旧纺织品产量进行估算。根据其出版的《2014/2015 废旧纺织品回收与再利用研究报告》中的估算方式，综合考虑废旧纺织品回收主要去向及市场资源再利用企业年产量的基础上，2018 年中国产生的废旧纺织品量约为 2100 万 t，综合再利用量为 480 万 t，占比约为 22%。其中通过捐赠和出口方式再利用比例约为 5%，资源化再生利用的比例约为 17%，如图 6-1 所示。

据统计，全球范围生产服装过程中产生的废纺织品材料，仅有 1% 得以回收制成新的衣物，回收用于生产其他产品的比例仅有 12%。随着循环再利用产品的市场需求不断增加，废、旧纺织品尤其是二手服装的回收再利用具有非常大的市场潜力，值得关注。

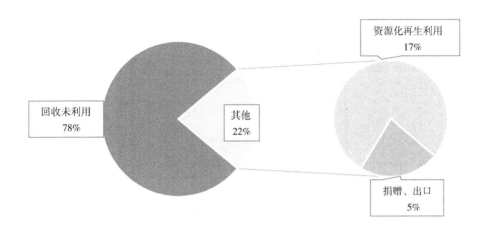

图 6-1　2018 年中国废旧纺织品的主要利用途径占比

资料来源：中国纺织工业联合会《循环时尚：中国新纺织经济展望》。

一、废旧纺织品处理流程

在消费经济时代的背景下，人们对纺织品服装的消费需求增加，导致废弃纺织品服装已经成为增长最快的固体垃圾。目前纺织品服装废弃阶段的处置方式主要是再使用（二次利用）、再循环（资源化利用，再生纤维加工）、能源化利用（焚烧）和填埋（当固体垃圾处理），其中填埋和焚烧是当前普遍使用的处置方式。此外，运输、分拣、消毒、打包等活动贯穿废弃纺织品服装整个回收、利用全过程，例如，废弃纺织品服装从回收点经过分拣、消毒后被运输到二手服装店销售，从慈善机构回收点运输到贫困地区，从回收站运送到资源再循环企业进行再生纤维加工，无法再利用的运送到填埋场处理等。废弃纺织品服装回收处理全过程如图 6-2 所示。

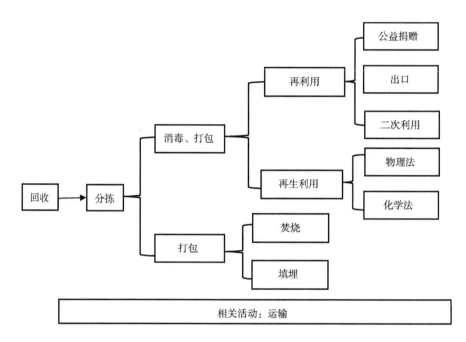

图 6-2　服装、纺织品废弃回收处理过程图

二、废旧纺织品服装回收模式

1.废旧衣物回收箱模式

废旧纺织品服装回收模式大多数以"社区回收站点—分拣中心—回收利用点"为主,具体是指通过在社区、街道、学校等地点放置收集废旧纺织品服装的回收箱,具体如图 6-3 所示。目前,大多数城市采取此种回收模式,居民自觉将家中废旧衣物投放进回收箱,回收的废旧纺织品主要包括旧衣物、鞋帽、家纺用品等。

有些城市为了提高回收利用率,回收主体会有政府、企业、公益组织等共同参与,回收废旧纺织品服装通常有两种处理方式:其中成色较新的旧衣物进行慈善捐赠;不符合捐赠标准的则由资源循环利用企业进行再利用处理。该旧衣模型相对较为完善,但回收利用率较低。

图 6-3 废旧衣物回收箱

图片来源：《我国废旧纺织品的回收再利用现状研究》。

2. 民间市场化回收模式

目前，全国各地大部分地区已经形成了以专业回收公司和个人回收群体为主体，通过走街串巷、街道回收或上门回收等方式回收一定数量的废旧纺织品服装。回收到的废旧纺织品通常先进行分拣处理，然后运往不同产业聚集区销售给不同的专业公司进行综合利用。

有的专业回收公司直接设置垃圾分类与再生资源回收网店，借助互联网平台，从收集源头上进行分类投递、分类收运、分类回收废旧纺织品服装，形成资源利用的可再生资源回收体系。如京环集团打造的"e资源垃圾智慧分类云平台"、上海睦邦环保科技有限公司打造的"邦邦站"平台等。

3. 公益慈善回收模式

公益慈善回收模式是指以公益机构或慈善团体为主体开展的公益捐赠活动。通过公益活动组织居民参与旧衣捐赠活动，处理方式是将收集衣物捐赠给经济贫困地区，或者将收集的废旧纺织品衣物卖给资源综合利用企业，再将收益用于公共事业。

最典型的有"地球站公益创业工程"项目，该项目是民政部于2013年批准设立的由中央财政支持的社会组织示范项目。该项目采取在机关、学校及社区放置收集箱及上门服务等方式收集城市中人们留之无用、弃之可惜的各类闲置物品，推广物尽其用的环保理念。从回收物品的总量来看，废旧纺织品服装占比最大，收集的旧服装通过分拣、消毒处理后捐赠给贫困地区人民二次穿着。

4. 生产者责任延伸制回收模式

生产者责任延伸制回收模式是指以服装销售企业为主体，企业出于保护生态环境、减少资源消耗的社会责任，主动回收废旧纺织品服装捐赠给慈善机构二次利用或用于企业自身资源再生利用。例如C&A、彪马、帝人等一些知名企业都参与其中。其中帝人纤维与中国资源再利用企业从商品开发阶段就开展合作，通过店铺柜台回收废旧纺织品服装制成再生纤维，作为原料再销售给合作的企业制成纺织品。

以企业为主体的回收模式的优势在于：一是有偿的方式提高了消费者参与的积极性，回收的服装数量较大；二是利用企业服装销售渠道开展回收活动，覆盖面广且方便；三是与慈善机构、资源再生利用企业合作，有利于形成完整产业链，发挥产业聚集效应。

5. "线上 + 线下"回收模式

由于人们环保意识不强、回收箱较远、宣传不到位等，我国废旧纺织品服装回收环节相对薄弱，大部分地区的废旧纺织品服装不能得到及时有效回收。此外我国废旧纺织品综合利用环节链条较长，涉及回收、运输、成分识别、分拣、消毒、二次销售或资源化再利用、再生产品生产及销售等一系列环节。但随着废旧纺织品服装回收量增加，行业各环节都迎来了规范化和规模化发展的机会，带动配套的设备、服务行业，由此催生出"互联网 + 回收"的线上服务平台与线下服务体系的结合，提供在线预约、上门回收等服务收集废旧纺织品，降低消费者处理废旧纺织品的难度，扩大了回收覆盖面。此种模式符合当今互联网发展趋势，已经成为国内很多一线城市居民处理废旧纺织品的选择。目前国内代表性企业有"飞蚂蚁""白鲸鱼""闲鱼""拍拍""转转"等，并不断有新的企业进入该领域，不断创新"线上＋线下"废旧纺织品服装回收模式。

三、废旧纺织品回收利用过程中存在的问题

1. 回收主体无序

目前废旧纺织品的分类回收主体仍然以民间组织为主，比如一些小商贩、小区试点回收，他们规模小、分散且覆盖面较小。由于处理废旧衣物的非政府组织挂靠难、经营负担重，因此大多数民营企业和个体散户为非法经营、无证经营。官方回收渠道较为少见，只有少数公益机构的公益项目回收渠道。总体来说，废旧纺织品的分类及废旧衣物的回收渠道狭窄，即使一些地区基本形成废旧纺织品的分类回收体系，但整体回收率不高，存在较大的可完善空间。

此外，由于成规模的、覆盖面广的回收主体大多为市场主体，它们讲究商业利益最大化，因此回收利用的废旧衣物种类有限。企业偏向成色较新可进行二手交易、出口的废旧衣物，而类似窗帘、桌布、床单、床垫等废旧纺织品由于市场出路不畅回收受阻。即使被回收，也会在中转站分拣流程中被剔除，使部分低值废弃物仍然游离于回收体系之外，作为生活垃圾被丢弃在垃圾箱里，造成极大的资源浪费。

2. 落实力度不够

长期以来我国垃圾分类面临巨大挑战。我国原建设部城市建设司 2000 年 4 月在北京召开城市生活垃圾分类收集试点工作座谈会，将北京、广州、上海、深圳等 8 个城市列为全国首批生活垃圾分类收集试点城市。随后各个城市也相继出台相关政策文件予以配合，但截至 2020 年 7 月 1 日，上海率先正式实施垃圾分类政策之前我国垃圾分类并未取得良好的成效。

在过去近 20 年的时间里，政府一直未出台细分标准和方法，也缺乏制定统一的分类和收集的工作标准、流程，从而导致生活垃圾的分类回收一直流于形式。废旧纺织品服装作为生活垃圾中一个十分重要的品类，在回收利用方面也就处于有名无实的状态，存在回收难等一系列问题。

3. 回收体系不健全

目前废旧纺织品服装回收、处理过程处于无序状态，由于缺乏统一的回收处理标准及流程，乱购、乱销现象突出，且存在严重的安全和卫生隐患，类似黑心棉等负面新闻给消费者留下极恶劣的印象。

此外废旧纺织品服装的回收处理链条基本是各个地区各自主导完成，大多数废旧纺织品服装回收企业受限于规模，也只服务于某个地区。托底较大范围地区的仅有市政项目，但也只有较先进的地区实现全覆盖。更大范围的地区或省级范围地区就没有统一调度，资源、信息共享，能推进废旧纺织品回收利用的平台。

废旧纺织品服装回收后受限于政策和市场波动，企业缺乏进一步资源化利用的能力。废旧纺织品服装回收后主要是进行资源化处理，然而资源化利用水平低。由于废旧纺织品服装没有做到资源再利用的前端分类，废旧纺织品大多仅止步于垃圾处置的被动阶段，作为垃圾统货出售市场平均价格较低，离纺织再生资源的定位还有很大差距。此外，部分废旧纺织品服装的主要出路是销往做进出口贸易的外地再生资源利用企业，因此容易受到其他省市垃圾管理政策的约束，使企业很被动。

4. 消费者意识薄弱

由于缺乏环保意识、资源再循环理念的宣传，国内很多人对废旧纺织品衣物的接受程度较低，严重影响和制约了我国废旧纺织品衣物回收再利用市场的发展和体系的建立。根据中国旧衣服网的统计，分拣后成色较新的废旧纺织品服装 90% 是出口到非洲、东南亚等地区的二手市场，一部分二手衣物会通过慈善机构捐赠到国内经济发展条件落后的贫困地区，只有极少部分品质较高的废旧衣物留在国内二手市场交易，由此反映出国内二手服装市场需求低，国民很介意二手衣物。

5.末端资源化利用水平低

现有的低水平废旧纺织品服装资源化利用模式限制了上游废旧纺织品品类回收，一些不易出口的纤维化废旧纺织品如被单、窗帘、抹布、床垫等被拒收。部分纺织品的拒收从源头上迫使居民将这类废弃纺织品扔进垃圾桶，影响居民分类投放废旧纺织品服装的意愿，从而割裂废旧纺织品的回收链，不利于废旧纺织品服装分类回收和资源化再利用等环节的可持续发展。

此外，随着环保监督力度的加大，废旧纺织品服装资源再利用企业面临着更为严格的环保要求，更大的成本负担。如果这些企业无法顶住压力达到环保要求的标准，将被取缔或关停，这将导致废旧纺织品服装外销、出口受影响，进而影响到整个垃圾分类减量系统、资源再生循环利用体系的有效运转。

四、废旧纺织品回收利用问题的成因分析

目前废旧纺织品服装回收利用方式主要包括定点废旧纺织品回收箱模式、"互联网＋店面回收"模式及服装品牌销售者、生产制造商责任延伸回收模式等，其中，除了服装生产制造商是出于社会责任自主回收的，其他回收模式共同构成了政府市政工程回收体系，或多或少都依靠政府的支持和补贴运转。然而，政府支持下的市政回收利用过程较为被动，出现回收量低、回收率低、废旧纺织品回收品质不高、托底公司动力不足、慈善捐赠渠道狭窄等问题。大部分废旧纺织品服装回收后作为统货销往外地的资源利用化途径本质上仍然体现为垃圾，这种情况不仅导致回收源头分类动力不足，而且使废旧纺织品回收面临着价值链断裂的危险。

从废旧纺织品服装回收处理全价值链来看，末端资源再利用与回收模式没有实现有效对接的关键问题在于缺乏废旧纺织品回收体系的顶层设计。废旧纺织品服装在回收、外销处理模式能否向资源化、高值化再生利用模式成功转型，取决于垃圾分类回收体系与资源再生利用的纺织产业实现有效对接，打破信息沟通壁垒、厘清上游关系。要想真正改变目前废旧纺织品服装回收利用的瓶颈问题，必须构建废旧纺织品高值化利用平台，以产学研相结合为依托建设符合市场经济的废旧纺织品服装资源循环利用体系，重点建设工业分拣中心、制定统一的回收标准、开展资源再生利用产品研发设计等。

第二节　废旧纺织品服装的环境污染

据相关统计数据显示，2018 年我国消耗纺织原料高达 5850 万 t，占全国纺织原料消耗量 55% 以上。其中，我国消耗的纺织原材料 65% 以上来自进口，每年产生废旧纺织品高达 2600 万 t。而每 1kg 废旧纺织品被充分利用，二氧化碳的排放量就可以降低 3.6kg，水可以节约 6000L，还可减少使用 0.3kg 化肥和 0.2kg 农药。由此可见，在我国每年纺织品消耗量如此庞大的背景下，如果能对废弃纺织品进行科学分类回收，并进行有效的资源再生利用，将能有效缓解能源和纺织原材料匮乏危机，对环境保护起着十分重要的作用。然而，当前废旧纺织品分类回收有名无实，存在回收渠道狭窄、资源利用率低等问题。

目前，我国仍采取焚烧和填埋等粗放式方式处理废旧纺织品类垃圾，只有较少部分废旧纺织品服装回收后进行二次利用。粗放式处理方式对环境产生了一系列的问题，例如，使用焚烧的方式会产生废气和固体垃圾，对空气和水土资源造成二次污染；使用填埋的方式处理废弃纺织品，无法降解的人造纤维会对地下土壤和水资源造成直接污染，即便部分微生物可以降解废旧纺织品，但也不可避免地会产生甲烷等有害气体，同样对空气和水土资源等造成污染。

一、关注废弃纺织品环境污染的必要性

随着各国环保意识的崛起，人们越来越关注纺织服装行业的资源消耗和环境影响。据相关统计数据显示，全球纺织服装行业每年需要消耗的不可再生资源高达 9800 万 t，例如，生产合成纤维需要利用石油，种植棉花需要使用化肥，生产、印染、美化纤维和纺织品需要使用化学制品，此外还需消耗约 930 亿 m³ 的水资源。但在"快时尚"品牌宣传的消费理念影响下，2000—2015 年全球范围内服装使用率下降了 36%，50% 以上的快时尚服装在消费者使用后的 1 年内被丢弃。此外，整个纺织服装行业在生产过程中产生的废纺织品仅有 13% 得到一定程度的回收利用，大量废弃生产原料、废纺织品被填埋和焚烧，造成巨大的资源浪费和二次环境污染，全球每年因此造成原材料浪费价值高达 1000 亿美元。

1. 纺织服装行业可持续发展的国际趋势

近年来，国际社会对时尚产业的可持续发展越发关注，要求纺织服装行业循环转型的呼声也日益高涨。时尚产业需要重新考虑纺织服装纤维原料来源及其制造、消费和回收处理的方式，采取真正有效的行动降低对资源消耗、环境污染的影响。

2019 年 8 月 23 日，全球 32 家时尚和纺织业巨头组成可持续时尚联盟，围绕减缓气候变化趋势、保护海洋、恢复物种多样性等三大主题做出郑重承诺，签署了《时尚公约》（Fashion Pact）。参与该公约的有法国开云

（Kering）、香奈儿（Chanel）、爱马仕（Hermès）奢侈品集团，意大利阿玛尼（Giorgio Armani）奢侈品集团，英国巴宝莉（Burberry）奢侈品集团，美国运动品巨头耐克（Nike），中国香港利丰集团等著名时尚和纺织企业。其中值得特别关注的是我国知名科技纺织与时尚品牌运营商如意控股集团是中国内地唯一受邀签署该公约、加入可持续时尚联盟的企业。该集团注重科技纺织，在纺线的开发、生产和运用上更加注重与自然环境的平衡关系，由此可见纺织的可持续性已然成为重中之重，纺织服装行业的可持续发展是国际趋势。

2. 纺织服装行业循环转型升级的内在需求

全球时尚产业迫切需要新的机遇，重塑产业发展模式，推动长期的可持续发展。已有实践证明，循环经济行之有效，能够为时尚产业带来创新性的收入流，并刺激创新提升品牌竞争力。全球范围内已经有越来越多的品牌和企业认识到这一事实，并在产业各环节展开积极实践，包括转售及重复利用、纤维回收、材料创新、消除有毒化学物质和漂染工艺的循环生产实践、可再生降解的产品、升级再造等。

2019 年国际货币基金组织（International Monetary Fund，IMF）连续 4 次下调全球经济增速预期，全球经济增长乏力，时尚领域也受到影响，表现出增速放缓的状态。据统计，2020 年 4 月，美国服装零售额同比下降 89.3%，日本、欧盟纺织品服装零售额同比下降 53.6% 和 62.8%，很多品牌商、贸易商取消订单，整条产业链上下游企业都受到直接冲击。

3. 国家环保政策的强制要求

中国推进生态文明建设、实现可持续发展的重要途径和基本方式便是发展循环经济。实现循环经济产业发展需要靠政府监管、企业环境责任、成本导向支撑（图 6-4）。中国自 2005 年便将循环经济上升为国家战略，经过 15 年的发展，重点行业和重点领域的循环经济发展模式基本形成。

"十三五"期间，资源环境约束发展的问题进一步突出，中国进入生态文明建设的关键时期，为此加快制定了一系列推动循环经济的政策和制度建设，以实现现代经济社会的绿色循环低碳转型。

为实现中国循环经济发展，我国出台了相关法规，例如《中华人民共和国清洁生产促进法》（2003 年实施 /2012 年修订）和《中华人民共和国循环经济促进法》（2008 年发布 /2018 年修订）。前者是中国第一部通过规范企业清洁生产以提高资源利用效率的法规；后者通过明确循环经济发展的核心原则和范围指导循环经济实践的专项法规。此外还出台了《中华人民共和国环境保护法》《中华人民共和国环境影响评价法》《中华人民共和国水污染防治法》《中华人民共和国固体废物污染环境防治法》等其他环境类法律，对环境保护和污染纺织提出了一定的要求，相关配套制度和相关标准的完善为构建国家循环经济产业体系提供重要支撑。

■政策监管　■成本导向　■环境责任

图 6-4　国家循环经济产业支撑体系

环保政策的颁布对于时尚纺织行业的可持续发展具有重要意义。首先，节能减排等环保法规是国家监管的硬约束条件，企业必须进行技术改造和商业模式创新来满足国家的环保要求。其次，时尚纺织企业对行业的环境责任应有充分认知，应当主动承担自己的社会责任。最后，从企业长远发展来看，环保工作虽然在短期内会加大企业的成本，但是长期有利于企业降低生产成本，是形成企业竞争力的有效工具，企业因此有足够的动力从事该项工作。

二、造成环境污染的废弃纺织物处理方式

1. 焚烧

焚烧是一种古老的垃圾处理方式，通过焚烧将废旧纺织品中没有使用价值但热值较高的纤维转化为热量。垃圾焚烧处理的好处是减少垃圾体积，达到垃圾减量的目的，已成为城市垃圾处理的主要方法之一。由于焚烧温度在850℃到1100℃，远高于各类纺织品的燃点，所以焚烧适用于所有废旧纺织品的处理。该方法简单易操作，回收彻底，可燃性垃圾经焚烧处理后体积可缩小90%，1250g的纯棉衬衫焚烧后大约会留下3g灰。焚烧垃圾所产生的热能可以用于发电，但环境污染大，附加值低。

2. 填埋

目前我国大多数城市解决生活垃圾的主要方式就是填埋。填埋是指将废弃物封固处理在合适的场地，是一种最常用的处理固体废物的方法。填埋处理方式操作简单，可以处理所有种类的垃圾，但需要占用大面积的土地，同时存在严重的二次环境污染，例如，垃圾渗出液会对地下水及土壤造成污染，垃圾发酵产生的甲烷气体是发生火灾或爆炸的隐患，气体被排放到大气中还会产生温室效应。填埋的废旧纺织品若是难以降解的物质还会对环境造成严重污染。

3. 再加工

废弃纺织品再利用的整个处理过程中，需要经历消毒、机械加工、再次染印过程，每个环节都需要消耗大量的资源，产生废气、废水及噪声污染等。

废旧纺织品作为生产新服装的原料，每kg废旧纺织品排放0.354722kg CO_2。废旧纺织品再加工全过程涉及能源消耗，导致温室气体排放，并产

生废水、废气对环境造成污染。但再生利用加工后的再生纤维、再生纺织品原料可以节约资源。

三、废旧纺织品造成的环境污染

随着人们服装需求量的增加，纺织品服装的废弃量也不断增加。废旧纺织品服装大多数情况下被视为生活垃圾中的固体垃圾，通过填埋和焚烧来处理。据英国环境、食品和农村事务部（Defra）相关研究显示，纺织品服装在废弃环节会对环境造成污染。例如，填埋处理固体废物的方式占用了土地，产生有害物质污染土地；焚烧处理方式消耗了能量，排放温室气体；再加工处理过程产生废水、废气等污染。

1. 温室气体排放

目前，我国大部分废弃纺织品服装未被再使用和再生利用，而是作为固体垃圾填埋。以填埋的方式处理废旧纺织品服装不仅会产生二氧化碳加剧温室效应，而且部分纺织物服装被微生物降解后会产生甲烷。甲烷也是温室气体之一，导致全球变暖的潜势是 CO_2 的 21 倍，对全球气候变暖的影响是巨大的。

然而相关研究表明，相对焚烧、掩埋处理废旧纺织品服装而言，合理分类并循环利用 1t 废弃纺织品服装可减少 10t CO_2 的排放。考虑到全球温室效应的现状，将废旧纺织品服装回收再利用是减少纺织品服装行业对环境造成污染的一种有效途径，是企业承担社会责任的方式之一。

2. 有毒有害气体排放

随着不断提高的全球纺织品服装产量，废旧纺织品服装产量也迅速增加。大部分废旧纺织品服装通过焚烧或者掩埋的方式可被处理，但对于不易降解的纺织品如腈纶、锦纶和涤纶等，被填埋不仅占用土地资源，而且降解后散发出的物质对土壤危害极大。此外在焚烧处理废旧纺织品过程中若处理不当，会产生 NO_x、HCl、"二噁英"等有害气体，是国际上公认的剧毒物质，对人体和周边环境的严重影响和危害都是致命的。因此提高废弃纺织品服装的综合利用率，不仅可以解决纺织服装行业原料供给问题，还可以节约用地、减少环境污染。

3. 废水排放

废旧纺织品再利用过程中一系列清洗、消毒及再加工过程均产生废水污染环境，产生的废水不同，污染情况也不同。纺织废水主要包括印染废水、化纤生产废水、洗毛废水、麻脱胶废水和化纤浆粕废水五种。纺织工业废水主要来自染整工序，包括退浆、煮练、漂白、丝光、染色、印花和整理等。

随着纺织品种类多样化、科技创新速度加快，纺织行业利用新原料、新助剂对废弃纺织品服装进行再生利用开发出大量新产品，使纺织工业再加工过程中产生的废水成分更复杂，处理起来更困难。例如，由于再生纤维织物的大量开发应用，仿真丝的兴起和印染后整理技术的创新，使大量难以降解的有机物进入印染废水。传统的生物处理系统对该类废水中有害物质的去除率大幅度降低，废水造成更严重的环境污染。

4. 噪声污染

废弃纺织品再加工过程在工厂进行，再加工生产机器产生噪声污染。工业噪声中，电子工业和轻工业的噪声一般在 90 分贝以下，纺织厂噪声一般在 90~100 分贝，纺织机械工业则在 80~120 分贝。工业噪声是造成职业性耳聋的主要原因。此外，工厂噪声不仅直接危害生产工人，而且对附近居民的影响也很大。

四、废旧纺织品对环境污染的防治措施

1. 废气污染防治

处理产生废气污染的纺织品时，应当在废气排出管道到达大气环境前

处理，从而降低有毒有害气体等对环境的污染。例如，再加工过程中印染厂产生的废气主要为烟囱烟道气和定型机产生的废气，对这种废气大多数企业采用染整废水水膜除尘的方式脱硫后排放，脱硫率一般达85%以上，此外还能大幅度减少SO_2的排放量。近年来，浙江、江苏和福建等地区推广热定型机有机废气回收排放技术，通过冷凝、过滤、吸收、分离等技术将热定型机废弃中的有机物进行分离回收，同时还可对余热进行回收利用。

2. 废水污染防治

目前对废水处理技术有很多，如化学法、物理法、生化法和物化法等。其中化学法和物理法相对生化法和物化法来说处理成本较高，而且会产生其他污染源，因此大部分印染厂处理生产废水的技术以生化法和物化法为主。有的印染企业对生产中产生的废水集中收集处理，并在现有的物化法处理工艺的基础上升级，采用生化法和物化法相结合的方式处理废水。随着生物接触氧化法技术、臭氧处理技术、膜处理技术的研发，许多企业已经开始通过实施清浊分流，对轻度污染的废水进行深度处理后回用，对严重污染的废水进行生化法、物化法处理达标后排放。

目前废水处理过程中面临的主要难题是处理成本相对较高，纺织厂难以维持高成本的废水处理运作，迫切需要政府给予一定的政策性帮助。相信随着人们对环保问题的重视、环保理念意识的提高，市场的环境成本终究会从合理的产品价格中得到弥补。

3. 噪声污染防治

最简单的减噪办法是在纺织服装制造车间中进行声学处理，企业一般可采用空间吸声体方式，例如企业工厂设计成顶棚吸声吊顶、墙面采用吸声饰面等，也可根据厂房的具体情况进行设计，都会取得较好的防治效果。

第三节　实现服装废弃环节可持续的策略与建议

一、实现废旧纺织品可持续的重要性

随着人类不断追求美，创造了"世界第七大经济体"——时尚产业。时尚产业的全球市场规模在 2018 年达到了 2.5 万亿美元，提供的就业岗位占全球人口的 1/6。根据联合国关于人口预测的结果，尽管全球人口增速放缓，但世界人口在 2030 年仍然将可能增加到 85 亿，21 世纪末甚至可能达到约 110 亿人口。人口增长将意味着纺织品服装的需求量也将进一步增加。时尚产业按照当下的消耗大量资源的"大量生产—大量消费—大量废弃"的线性发展模式（图 6-5），长此以往必将带来不可逆转的经济损失和环境破坏。此外，在世界经济下滑的背景下，时尚产业亟需通过创新发展模式实现新的增长，而实践证明向循环经济转型是双重挑战下的有效途径。

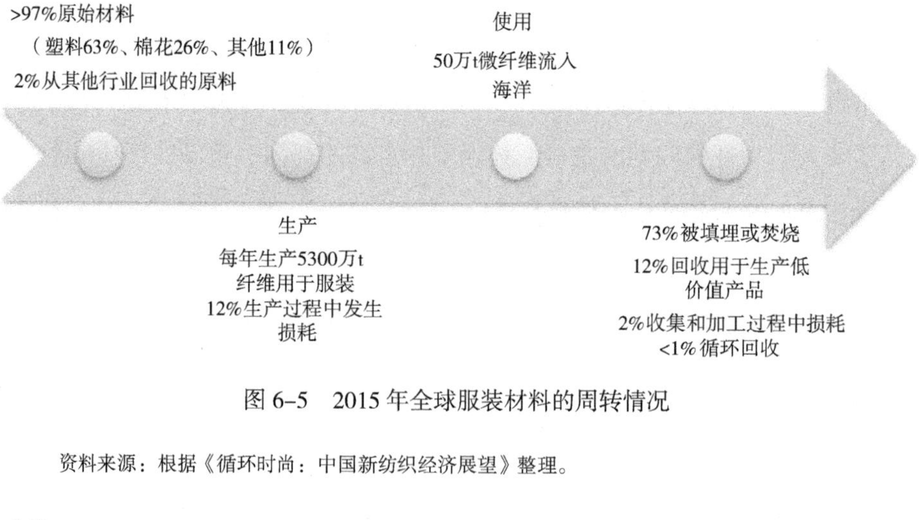

>97%原始材料
（塑料63%、棉花26%、其他11%）
2%从其他行业回收的原料

使用
50万t微纤维流入
海洋

生产
每年生产5300万t
纤维用于服装
12%生产过程中发生
损耗

73%被填埋或焚烧
12%回收用于生产低
价值产品
2%收集和加工过程中损耗
<1%循环回收

图 6-5　2015 年全球服装材料的周转情况

资料来源：根据《循环时尚：中国新纺织经济展望》整理。

1. 为纺织业实现可观利润

就数量而言，中国是世界著名的纺织服装工业国，高产量将不可避免地导致纺织废料的增加。再加上诸如面膜、纸尿裤、卫生巾等一次性纺织品的浪费，还有每个家庭每年废弃一定量的旧衣物，使纺织品占据人们生活垃圾中相当大的比重。尽管大多数一次性纺织品被归类为干垃圾进行分类处理，但只要每年每个家庭能够有效地分类和处理废旧纺织品衣物，便能为纺织服装行业提供巨大的经济价值。例如，纺织工业的主要原料之一棉花，需要大量的耕地来种植，还需耗费大量的人力资源、化肥、农药等，如果废旧纺织品服装能够进行循环利用制造再生纤维或是进行二次加工，就可以节约耕地、人力、化肥、农药、运输、加工等诸多成本，为整个纺织工业的发展带来巨大的利润。

2. 解决纺织原料短缺问题

从长远来看，首先，回收处理废旧纺织品可以解决纺织业原料短缺的问题。减少棉花种植，可以有效缓解棉田与粮田争地的矛盾，增加粮食产量，提高农业经济效益。其次，分类处理废旧纺织品服装可以提高回收利用率，减少焚烧和填埋处理废旧纺织品服装的数量，这对净化空气、美化环境等都有好处，同时也大大节约了环境治理成本。因此，对废旧纺织品进行分类处理，对于促进整个纺织行业的循环经济和可持续健康发展具有十分重要的意义，废旧纺织品分类处理发展前景和发展空间是巨大的。

3. 破解回收难问题

推进前端废旧纺织品分类标准化，解决低值废弃物回收利用问题。现行的资源化利用方式制约了低值废旧纺织品的回收利用，其中一个重要因素是回收后不方便分类。目前，废旧纺织品的回收利用还处于初级阶段，即只是根据出口、慈善的需要，按照新旧、冬夏服装进行粗略分类，这不仅导致废旧纺织品无法实现全品类的回收利用，也不利于终端资源利用的对接，因此按面料分类提高终端资源利用率是必然选择。若建设废旧纺织品高价值利用体系，产业分类中心可通过终端资源利用需求确定废旧纺织品回收类别，构建废旧纺织品回收分类标准，从而更好地指导前端废旧纺织品的全品类回收，提高废旧纺织品的回收率。这有助于将废旧纺织品从垃圾转化为资源，提高资源利用的附加值。

4. 提高资源利用水平

随着经济的发展和人均收入的提高，慈善捐赠的空间不断缩小，低成本的民营作坊式废旧纺织资源化利用也将作为环境污染分散的污染企业纳入整治名单，其停产将影响废旧纺织分类回收体系的有效运行。实现废旧纺织品分类回收体系与废旧纺织品资源回收体系的对接，探索废旧纺织品的高价值利用模式，将实现废旧纺织品向资源化利用的转变，有利于推进前端的分类回收利用为以后的资源化再生利用打下基础。同时，支持企业在可持续发展和环境保护的前提下发展，有利于实现社会可持续发展和提升地方政府废弃物处理能力。

5. 促进废旧纺织品利用的产学研融合

废旧纺织品高价值利用系统是一个资源整合、多功能的复合系统。除了实现回收利用与综合利用对接外，还将推进相关研发中心、宣传教育中心、大数据中心建设，实现产业深度融合。标准化分类只是废旧纺织品回收利用的第一步，专业技术支持是实现废旧纺织品高价值的核心。因此，必须从研发支持和数据支持两个方面来考虑。一是建设废旧纺织品高价值利用研发中心，提供废旧纺织品终端处理先进解决方案。二是构建大数据信息共享平台，比如对公众来说，可以追溯废旧纺织品的整个回收利用流程，吸引更多的人参与废旧纺织品的回收利用；对服务商来说，可以提供再生产品的生产和产业链的运作情况，满足其对再生资源和品牌产品开发的需要。探究纺织品整个生命过程中的碳足迹，根据绿色采购的现状和企业履行的社会责任，建立相应的宣传教育平台，作为对现有垃圾分类宣传教育中心的补充，丰富国家环境教育资源。

二、实现废旧纺织品可持续发展的策略

为了有效利用废旧纺织品，实现资源的可持续发展且有效缓解环境压力，实现废旧纺织品的可持续利用有四条途径：二次利用、再利用、循环利用和综合利用。其中，二次利用是废旧纺织品回收利用的主要形式，多采用捐赠、二次交易、出口等处理方式。再利用是指通过一定的改造、再设计等方式，使废旧纺织品和服装产生附加值，然后再次投入使用。其中物理处理方法具备成本低、简单、高效等特点，但昂贵纺织品所用原料价值高，如羊绒制品、驼毛制品、聚氨酯制品等需要精细分离，不宜采用简单的物理处理方法。化学处理方法主要是分解和提取有价值的聚合物，形成再生纤维，进入新的生命周期。该方法适用于成本高、技术要求严格的昂贵高分子材料的回收。综合利用的原则是将物理法和化学法相结合，有效地改变废旧纺织品的利用形式，使其变废为宝，其特点是形式多样，用途广泛。在我国，废旧纺织品有效利用的主要途径是二次利用，废旧纺织品的循环利用和综合利用的案例很少。

1.可持续商业模式

纺织服装业的增长在循环经济模式下将不再依赖原来的"量产—大量消费"，而是转向这种情况：在同样甚至更少的资源消耗下，将采用创新的服务模式，满足现有和未来消费者对纤维和纤维产品的各种需求。共享平台、租赁服务、二手交易、网上回收、维修服务、重新设计服务等新的商业模式正是对这种可能性的开放式探索。这些兼顾循环经济原则和消费者新需求的新型商业模式，是推动产业循环转型、探索新经济机遇的重要动力。如果实现规模化发展，将为纺织服装业带来创新增长。此外，当

前国内及国际政策为品牌和企业探索循环经济新商业模式提供了有利环境。可以预见，这些新的商业模式将对纺织服装业未来的格局产生深远的影响。

案例1：共享平台

从全球范围来看，近年来服装共享平台的发展呈现出明显的上升趋势，受到资本市场的青睐。Rent the Runway 是 2009 年在美国建立的电子商务平台，也是最早的服装分享平台。其初衷是通过整合线下休闲服装产品，以更低的价格满足消费者需求。2019 年初，"Rent the Runway"获得新一轮融资 1.5 亿美元，市场估值近 10 亿美元。美国另一个知名的服装共享平台是 Le Tote，成立于 2013 年，2018 年进入中国，它是第一个进入中国市场的国际服装共享平台。

除了美国 Rent the Runway 和 Le Tote，德国 Myonbelle 和日本 AirCloset 也是全球较早成立的服装共享平台。近年来，随着国际可持续发展呼声的高涨、可持续消费意识的增强和科技的进步，共享服装租赁领域的企业数量不断增加。越来越多的企业进入这个领域，专注于各自的细分目标人群或者细分服装品类，打造自身特色。例如，2019 年 12 月在英国成立的租赁平台 My Wardrobe HQ 专注于高端时尚，以满足欧洲市场特殊场合的服装租赁需求，比日常服装更受欢迎。据媒体报道，My Wardrobe HQ 的滑雪服租赁业务表现良好。

2015 年以来，中国共享服装租赁在衣二三、女神派、美丽租、托特衣箱、衣库等平台之间形成了稳定的竞争格局。然而，2017 年之后，服装共享平台的发展陷入困境，多个共享服装租赁平台宣布倒闭。服装的选择和处理过程是极其复杂的，涉及选款、物流、清洁、磨损处理等多个环节。任何环节出现问题都会影响用户体验，导致用户流失。因此，要实现共享租赁的规模化，需要进一步突破服装卫生、服装款式、客户需求、用户培训、供应链管理等关键问题。

案例 2：品牌服装租赁服务

品牌服装租赁是指品牌通过改变传统服装的销售模式，改为通过向消费者提供服装服务来创造市场价值。品牌服装租赁服务与共享服装租赁平台之间的区别在于，品牌服装租赁服务提供者拥有服装所有权，而后者不一定拥有产品所有权。

品牌和零售商可以通过三种主要方式进入租赁市场。第一种是品牌或零售商在企业内部建立整个租赁业务。例如，2019 年美国传统零售连锁店 Urban Outfitters 推出了自己的会员租赁服务。第二种是与服装租赁平台合作，这是品牌进入租赁市场的常见方式。尤其对于小规模服装品牌，通过与成熟的服装租赁平台合作可以降低风险，但品牌或零售商会失去建立自己的基础设施的机会。第三种方式是与第三方合作，为品牌和零售商建立自己的租赁平台。简而言之，第三方组织提供与租赁相关的服务，例如运输、清洁、交付和库存，但与品牌客户共享数据。对于想要快速开始租赁业务的品牌来说，这是一个可行的解决方案。丹麦的 Continuous Fashion 公司是一家提供租赁代理服务的机构。

作为提高服装利用率的重要手段，服装租赁在高端服装、特殊服装、特定功能服装等领域具有巨大的发展潜力。品牌和零售商在服装种类和数量，供应链物流和营销方面具有丰富的经验，这对于品牌开拓未来针对消费者的服装产品有很大的帮助。

2. 二次利用

对二次使用前回收的废纤维，按新旧程度、纤维成分、颜色、织造方法等进行分拣、清洗、分类和消毒，并根据新旧程度和纤维损伤情况选择不同处理方法。对于一些保存完好、款式相对陈旧的面料和服装，经过修复、翻新、改造后，在原有的性能不改变的情况下，继续作为产品使用，以适应流行趋势和消费者的要求。虽然较旧但还有价值的纺织品服装可捐给贫困山区，或者出口到非洲等一些贫困地区。但在二次使用过程中，要特别注意防止纤维发霉和抗菌等健康问题。

另外，参照美国的废旧纺织品服装回收模式，可在二手服装店销售废旧纺织品服装，提高废旧纺织品的价值。我们可以出口成色较新、可二次穿着的衣服。对于不能直接利用的废弃服装纤维，根据纤维成分和颜色选择资源的利用方式。对于品牌零售企业来说，除了销售和服装租赁，未来市场还将拓展到维修、再设计等服务领域。这也是近年来服装品牌和设计师积极探索和实践的方向之一。

案例1：二手交易

服装二手市场在欧美国家非常活跃，欧美消费者也习惯通过二手市场交易的方式处理废旧纺织品服装，尤其是成色较新的童装、耐用型服装、奢侈品等特殊品类。较有人气的二手交易平台有美国的 ThredUp、The RealReal、POSHMARK；欧洲的 Vestiaire Collective、Vinted 等。

常见的二手交易平台分为两类：P2P 模式和寄售模式。P2P 模式是指平台为买家和卖家提供交易平台，卖家完成上架、物流等一系列流程，该模式适用于大众产品。例如 POSHMARK 网站是典型的采取 P2P 模式二手交易平台。寄售模式则是为寄售卖家提供整套服务，包括拍照、上架、物流等流程，寄售平台通过收取一定的上架费盈利，该模式适用于奢侈品。

二手交易市场根据价格区间可分为三个细分市场：奢侈品、中端产品和大众服装。有的平台聚焦在某个细分市场，例如 The RealReal 和 Vestiaire Collective 主打奢侈品二手交易，已经成为目前国际二手奢侈品交易行业的龙头企业。有的平台致力于打造综合性平台，消费者可以在同一平台上找到不同价格区间的二手服装，平台以此获得更广大的目标客户群，如 ThredUp。随着线上二手交易平台迅速发展，逐渐显现出线上线下融合的趋势。美国最大的二手服装寄售网 ThredUp 在创办 8 年后于 2017 年开设了线下实体智能商店,为客户提供线下服务体验。2020 年 5 月底,ThredUp 入驻沃尔玛官网,销售近 75 万种二手服饰。随后 The RealReal 也开设了自己的线下门店,英国品牌 Burberry 也宣布和 The RealReal 建立合作伙伴关系。

服装品牌和零售商也开始加快自身进入二手交易市场的步伐。2017 年 Patagonia 开设了自己的二手交易网站 WornWear.com,采取从消费者手中回购成色较新的产品后在网站进行转售,消费者以此可获得门店销售积分。2019 年底该品牌通过线下快闪店销售二手衣物,以此形成了闭环模式。2019 年,H&M 集团在瑞典开始试点出售二手和古董服装。品牌和零售商的一系列行为在一定程度上反映了服装二手交易市场的广阔前景。

案例 2:服装维修、改造、再设计服务

维修服务原本作为一些奢侈品品牌或高端户外品牌向消费者提供的增值服务,但如今品牌正在致力于将维修服务变成可行的循环商业模式。例如,Patagonia 于 2013 年推出 Worn Wear 服装修补回收服务,通过回购二手旧衣、普及服装修复技巧等鼓励消费者回收和重复使用产品。截至 2019 年 11 月,Patagonia 在全球拥有 72 家维修中心为自身品牌产品提供维修服务。2017 年,Patagonia 推出在线网站,专门销售 Worn Wear 计划中维修、回购的二手服装,由此开创了从维修到二手服装交易的商业模式。此外,2018 年 The North Face 通过与 The Renewal Workshop 合作推出二手交易项目 Renewed,由 The Renewal Workshop 二手交易平台负责清洗和检查被退货、受损和有瑕疵的本品牌衣物,然后经修补、再设计等后,The North Face 根据自身质量标准对二手衣物进行评估,符合要求的再销售给消费者。

服装改造或再设计是指通过再设计让原本废旧的衣物重新焕发生命,

通常被称作升级改造。国内的再造衣银行是设计师张娜于 2011 年创办的可持续性时尚品牌，通过旧衣回收公司、品牌面料库存、公众捐赠获得旧衣，再将其重新设计成时尚服装并实现量产。在服装改造和再设计服务中设计师自身的可持续设计或者循环设计能力非常关键，一些品牌为实现自身品牌的可持续发展已经开始着重培养自己的设计师在这一方面的能力。例如，2019 年 10 月 The North Face 在启动了 "Renewed Design Residency" 计划，旨在提高 The North Face 设计师的循环设计能力，活动持续到 2020 年 2 月 19 日，已有超过 70 件经过改造的作品通过在线方式售卖。

3. 再生利用

再生利用又称资源化利用，是指废旧纺织品经过物理、化学法处理后，失去原有的基本性能，再用于生产其他产品的过程。物理法是指在不破坏废弃纺织材料化学结构的前提下，通过切割、破碎、开松、纺纱、成网、热机械处理等物理处理方法，对废弃纺织材料进行初步再加工后可再利用的方法。化学法是将回收的高分子材料溶解成高分子单体，通过再聚合和排列形成新的化学纤维，用于纺织。目前，成熟而有价值的案例是聚酯纤维的回收利用，已经实现产业化，如图 6-6 所示。

（1）物理法

物理法初级应用是将废旧纺织品切成小块，作为破布使用；对于破损不严重的废旧地毯，翻新或维修后可以再利用。一些废旧纺织品也可以重新设计、改造，在款式、形式、质地上产生新的艺术效果，达到人们使用的目的，如织物的立体设计、增型减型设计、编织设计等。物理方法回收废旧纺织品，不仅可以延长废旧纺织品的使用寿命，而且可以赋予废旧纺织品新的艺术时尚理念，增加新的使用价值。再生产品的制备过程主要包括物理开松法和热熔物理法。

再利用技术	主要处理的纤维类别	产品及应用领域	
物理法	废旧棉、麻、毛类纺织品、混纺类纺织品、单一成分的合成纤维类废旧纺织品	再生纤维、纱线及纺织服装产品 农用大棚 空调外机隔音隔热产品 车用减震材料、内饰产品 建筑保温材料、防水材料 运输防磕碰毛毡、遮盖布 医疗纱线及其他产品	纺织服装行业 农业 家电行业 汽车行业 建筑行业 物流行业 医疗卫生行业
化学法	废旧纯涤纺织品和废旧涤棉混纺织品	再生纤维、纱线及纺织服装产品	纺织服装行业

图 6-6　中国废旧纺织品主要资源化利用技术和产品类别

资料来源：《循环时尚：中国新纺织经济报告》。

物理开松法主要用于处理单一分类的废纺织品，如废棉、毛、麻纺织品和混纺纺织品。以温州天成股份有限公司为代表的企业，通过物理方法直接将废旧边角料加工成再生纤维，再纺成纱线用于服装生产。通过分色，将颜色相近的废旧纺织品一起开松，通过纺纱、织造得到颜色相同的再生纱线，最大限度地减少了脱色和二次染色造成的资源浪费和环境污染。江苏澳洋纺织实业有限公司及其上游原料企业利用废旧毛织物制成具有高附加值的粗纺毛织物，作为冬季大衣面料等。愉悦家纺有限公司将麻棉下脚料按颜色进行分类、开松、纺纱、色织后再利用。

对于成分不确定、分选困难的废旧混纺织品，企业正在探索其在其他工业领域的高价值利用。例如，可以通过切碎、粉碎的方法生产阻燃剂；可以通过模具压制成汽车板、空调隔音材料，生产工艺流程如图 6-7 所示；也可以切碎功能化成墙体保温材料，涉及家电、汽车、建筑保温、农业等领域，广德天运新技术股份有限公司等代表性企业利用废旧纺织品生产空调隔音、汽车减震、内饰产品，研发物流业用工业托盘、建筑保温材料；镇江均亚空调配件有限公司、镇江美达塑胶有限公司利用废旧纺织品加工汽车内饰及隔音制品。

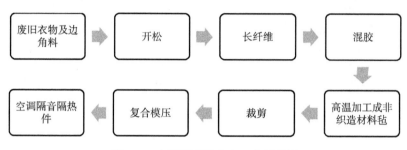

图 6-7　空调隔音棉生产工艺示意图

资料来源：《废旧纺织品的高值化利用探讨》。

（2）化学法

化学法是将废旧纺织品在一定条件下解聚成小分子或单体，然后再聚合成聚合物的方法。化学法要求原料纯度高，主要用于处理废旧纯涤纶纺织品和废旧涤棉混纺织物（涤纶含量高）。

纺织服装业要突破资源、环境瓶颈，必须依靠先进技术，包括资源型技术、环保型技术，高附加值、低污染排放的高新技术和装备。目前，我国纺织服装业循环发展的技术支撑体系仍有待完善，特别是高性能生物基纤维的优质低成本技术和废旧纺织品分类高效高值利用技术。企业和科研机构要加快研发步伐，突破技术装备瓶颈，建立分质、分类、高效、优质的梯级利用体系。包括：废纺织品在线快速、无损成分、颜色、织物结构识别分选技术及装置；高杂质合成纤维再生及纺丝产业化技术；废旧服装异物自动清除技术及设备；混合型废旧纺织品高效开松及产品制备技术。

另外，生物基化纤发展潜力巨大，但目前生物基化纤与合成纤维的质量和性能还有差距，如生产成本高、竞争力不强。因此，仍需在关键技术和装备上取得突破。例如，在聚乳酸纤维方面，我们需要克服低成本高光泽纯乳酸和丙交酯的制备技术；在生物基聚酯方面，我们需要促进生物基多元醇的高效制备，以满足纤维成型和加工；在生物基聚酰胺方面，我们需要开工建设1万吨长链二羧酸和二胺生产线；在新型纤维素纤维方面，需推广绿色制浆与加工纤维生产一体化技术，实现优质规模化、低成本生产。

案例：浙江佳人新材料有限公司

浙江佳人新材料有限公司是我国废涤纶纺织品化学回收的代表性企业。公司引进了Eco Circle™涤纶化学循环再生系统技术，以废旧服装、边脚料等废聚酯材料为初始原料，通过彻底的化学分解得到聚酯单体，然后通过聚合生产出接近原材料性能的再生纤维产品，应用于高档服装、家纺、汽车内饰等领域。东华大学、福建华峰实业有限公司、宁波大发化纤有限公司、浙江绿宇环保有限公司、上海聚友化工有限公司也对混纺废旧纺织品的化学回收进行了大量的相关研究，国内一些研究人员也在尝试将涤棉织物溶解，实现涤棉成分的分离。国内工程企业和高校也在开发涤棉分离设备，但技术、工艺和设备都不能达到产业化和规模化的标准。

4.构建服装纺织品闭环供应链

服装纺织品闭环供应链模型考虑了消费者效用，以回收废旧服装纺织品为中心。考虑到消费者对服装产品的效用越来越小，零售商、第三方和原材料再制造商通过多种渠道对消费者的服装产品进行回收，以增加回收量，降低回收成本，刺激新产品的销售。同时，制造商利用消费者剩余的影响，逆向回收零售商手中的库存，通过建立工厂专卖店、互联网电子商务平台等多种形式降低服装、纺织品的销售价格，促进制造商与上下游的合作，形成服装、纺织品的逆向供应链。服装和纺织品的闭环供应链是通过与具有正向生产活动的供应链整合而形成的，如图6-8所示。

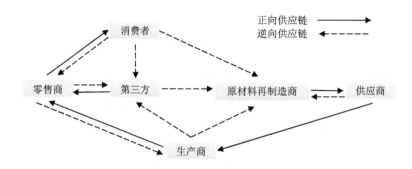

图 6-8 服装纺织品闭环供应链模型

资料来源:《考虑消费者效用的服装纺织品闭环供应链协同研究》。

在服装、纺织品的闭环供应链中,通过建立工厂专卖店和电子商务平台的协同营销,使服装产品的实际零售价格低于消费者的预期价格,提高消费者对服装产品的成功购买决策,促进服装产品的销售产品库存的转售,在与零售商的风险分担中承担了产品风险,增加了企业利润成本。

消费效用促进了协作程度的加深,也促进了基于互联网信息技术的协作模式的创新。回收后,消费者往往会选择购买新产品,以满足对服装纺织品的不断需求。因此,在废旧服装回收中,第三方回收商通过对服装、纺织品零售商的折扣券进行补贴,强化消费者的品牌再购买意识。通过这种信息共享,促进了服装和纺织品的闭环供应链协作。而这种补贴形式主要依靠电子商务和社交媒体互联网平台的发展。闭环供应链企业借助大数据营销技术,更好地利用了消费者的流量价值,提高了消费者的转化率,增强了消费者的环保意识,增加了产品曝光率,有效地促进了闭环供应链的协调,提高了质量闭环供应链的运作效率,如图 6-9 所示。

5. 构建废旧纺织品高值化利用平台

基于目前已经形成的市政回收体系、品牌商回收体系及非营利组织构成的回收体系,废旧纺织品高值化利用体系的核心是构建废旧纺织品高值化利用平台(图 6-10),具体包括"互联网 + 上门回收"、实现工业化的分拣中心、资源高值化利用的研究中心、信息共享后建立的可视化数据中心、宣传教育中心和再利用标准认证中心。废旧纺织品高值化利用平台作为连接分类回收体系和资源再生体系的桥梁，在此基础上延伸建设一系列配套设施，逐步建设高值化利用体系。

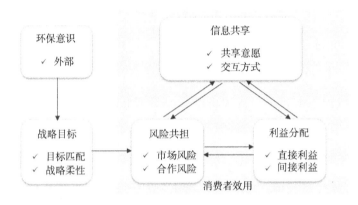

图 6-9　消费者效用对服装纺织品闭环供应链要素的影响

资料来源：《考虑消费者效用的服装纺织品闭环供应链协同研究》。

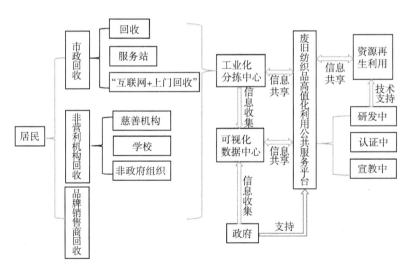

图 6-10　废旧纺织品高值化利用体系示意图

资料来源：《两网融合下废旧纺织品高值化回收利用体系构建》。

首先，通过市场机制与行政手段建立废旧纺织品工业化分拣中心，使

161

各地区废旧纺织品汇集于此，经过分拣将废旧纺织品转变为资源，进一步提升废旧纺织品资源化利用后的附加值，推进废旧纺织品前端分类回收体系的发展和完善。其次，在建立的废旧纺织品分拣中心基础上建设宣教中心，记录废旧纺织品实现循环利用的全过程，并向广大市场公布，从而提高居民源头分类减量的积极性。最后，搭建废旧纺织品再生资源供需服务平台，通过收集上下游企业需求，统计各渠道废旧纺织品回收量、各类废纺纤维的收购价格，为废旧纺织品资源化利用产业化发展提供信息支持。

在中长期发展阶段，相关研究中心在政府的支持下或通过与资源再生利用企业合作，基于废旧纺织品高值化利用中心筹建研发中心为废旧纺织品高值化利用的技术进步提供保障。在积累一定企业信息和客户需求数据后，可构建再生产品的认证中心，为二手交易平台提供参考，为资源再生利用企业提供再生产品合格标准。

上述分中心建立完成后，将最终形成一个信息循环共享、可持续发展的废旧纺织品高值化利用平台。其循环流程为：废旧纺织品资源再生利用企业对原材料的需求汇总到平台，平台指导工业化分拣中心进行专业工业化分类；而废旧纺织品回收的种类及数量通过统计反馈给企业，引导资源再利用企业生产工艺的调整；研究中心对于回收利用受阻的废旧纺织品进行重点研究，研究结果将作为资源再生利用企业的技术支持，应用于企业末端的资源利用。同时宣传教育中心还可通过平台为前端的非营利机构、服装企业提供信息，促进交流合作。

案例1：奥北环保

成立于2017年的奥北环保率先推出满袋换空袋、设置集中投放点、市场价返现等回收方式。此外，提出5种塑料、4门单类、3类纸张、2样金属、一个原则分类标准。奥北提供的整个服务的核心是其特有的回收袋，居民通过回收袋上的二维码进入其微信小程序、网站即可了解到附近设置的投放点。此举将居民、社区、物流体系和再生利用系统关联起来，从而降低整个回收流程的成本，让可回收物实现专业分类回收并进入再生循环系统产生销售收入，让企业达到自身可持续运作。

案例2：绿能科技

海南绿能科技有限公司是一家"互联网＋废旧纺织品再生利用"企业服装平台，通过将互联网、大数据、云计算和物联网等领域的创新技术成果应用于废旧纺织品再生利用行业。其业务包括提供城市居民废旧纺织品上门回收服务、废旧纺织品回收网点信息化管理、城市智能回收箱、废旧纺织物处理物联网流向监测、城市居民环保大数据体系等。其推出的"揢碳星球"再生资源回收项目将再生资源回收与区块链结合，创新了废旧纺织品衣物的回收模式。

三、实现废弃纺织品服装可持续的建议

1. 政策层面

（1）完善政策法规体系

国家早在"十二五"发展纲要中明确建立废旧纺织品回收体系的目标，从而使全社会初步形成回收、分类、加工、利用的产业链。但在过去的10年内，这一目标仍仅停留在规划阶段，具体政策及执行措施都未细化实施。所以政府应当强化顶层设计，具体包括：完善资源再生利用企业的准入机制及前端分类回收、分拣等过程相关标准的制定；建立再生产品可利用标准包括质量标准、再生产品认证和识别体系；出台相关的税收减免、贴息贷款、专项资金等政策措施支持废旧纺织品资源回收再利用企业的发展；细化制定废旧纺织品回收利用法规，明确各监管部门、利益相关者职责与责任。

（2）制定回收利用标准

首先，政府应当制定合理可持续的回收利用标准供资源再生利用企业参照，解决当前市场回收体系混乱的问题。其次，政府应当统筹规划区域回收、分拣和再利用标准，建立废旧纺织品循环经济产业园区以实现产业化；推动二手纺织品分拣、消毒处理标准流程，完善相关体系搭建，放开二手纺织品市场促进产业发展。最后，根据国家《关于建立统一的绿色产品标准、认证、标识体系的意见》，以及行业已有标准，统一废旧纺织品再生产品的内涵和评价方法，建立统一的再生产品设计原则、评价标准、认证和标识体系，重点考虑再生产品材料的选取、易回收处理和再利用等指标，推动废旧纺织品再生产品的供给。

（3）明确企业主体责任

政府应当制定生产者责任延伸制度，明确企业主体责任，要求生产商对产品从生产环节延伸到产品设计、消费使用、回收处理、循环再利用等全生命周期承担资源环境责任。目前，国家关于生产者责任制度的推行范围包括开展生态设计、使用可回收再生材料、规范回收流程和强化信息公开四个方面，并在电气电子、汽车、蓄电池和包装等行业、产品试点实行。政府应当尽快出台纺织服装行业主体生产责任延伸制度具体落实方案，制定贯穿行业全生命周期资源环境责任制度，有效落实企业主体责任，明确行业各利益相关者责任及实施方案，全面推动品牌服装商承担相应的资源环境责任。

2. 行业协会、机构层面

（1）发挥行业协会的桥梁纽带作用

行业协会在政府与企业、企业与企业之间起着重要的桥梁作用。一方面，根据行业发展现状和实践，为决策提供信息支持和建议；另一方面，促进国家战略和产业发展政策的实施，引导行业转型升级和健康发展。在实现纺织服装行业可持续发展的过程中，行业协会作为一个平台组织，可以在建立数据库、搭建合作平台、提高行业透明度、开展行业能力建设、促进行业国际交流等方面发挥重要作用。

作为行业可持续发展的公共治理平台，中国纺织工业联合会社会责任办公室正在积极构建行业循环转型基础设施和价值链多方利益相关者沟通机制，推动行业各方达成共识，促进多层次合作的发生，加快产业协作，推动我国纺织服装业系统循环转型，引领世界循环时尚的未来。

2019 年，中国纺织工业联合会社会责任办公室以全产业链为基础，开展行业循环转型基线调查，通过"衣再造"、可持续时尚周等活动使利益相关者对服装行业的可持续优势达成共识。中国纺织工业联合会社会责任办公室启动的消费品（纺织服装）制造业评价信息系统、生命周期管理数据平台和可持续技术创新平台，将进一步推动行业转型。

（2）研究机构为技术创新提供保障

技术瓶颈是纺织服装行业循环经济的核心挑战。关键技术的研发和创新需要大量的投入。如果单纯依靠企业的自主研发，企业一方面会面临巨大的资金压力，另一方面也会出现重复研发的现象，因此，研究机构在解决重要共性问题中的作用是不可忽视的。《循环发展引领行动》明确可以通过国家科技计划（专项、资金等）加快减量化、再利用和再制造、废物回收等领域关键技术、工艺和设备的研发和生产，产业共生、联动效应等，为资源回收企业、科研院所和高校建立产学研技术创新联盟提供底层支持，为完善循环技术和设备的选择、推广提供信息共享平台。此外，技术交流促进了行业关键技术的改进和突破，科研机构应积极与国际先进的回收技术交流经验。

3.企业层面

（1）提升技术水平

目前废旧纺织品综合利用技术还不完善，相关企业需要从以下几个方面提高技术水平：一是分选技术和设备。根据不同的颜色、材料、成分和制造方法快速、准确地对废旧纺织品进行分类。二是消毒技术和设备。废旧纺织品的回收利用，必须在不破坏服装理化性能的前提下，清除病毒和细菌。三是物理再生。实现切割、破碎、开松、纺纱、网络化和机械加工流程工业化进行。四是化学再生。通过化学方法降解废旧纺织品，然后通过设备加工成化学纤维材料作为再生产品原材料。

（2）拓展回收模式

针对目前废旧纺织品回收处理模式的不足，有必要从以下几个方面拓展废旧纺织品的回收利用模式：一是引导纺织生产企业参与废旧纺织品的回收利用，形成行业的封闭循环。二是通过技术和理念宣传，将低值废旧纺织品转化为高值品牌产品，促进废旧纺织品的回收利用。三是政府对回收企业给予政策支持，实现废旧纺织品综合利用产业的健康发展。

（3）加强废旧纺织品分类

根据废旧纺织品的原料质量，在投入和回收利用前进行初步分类，减少后续分类过程。加强回收、分选、综合利用等关键技术的研发，提高产业效率及再生产品附加值，实现废旧纺织品按质量分类高效高值回收；在回收、再设计、生产、使用废物等方面综合考虑再制造产品对资源和环境的影响。

推行可回收的绿色设计、可回收生产、包装减量化、废弃物回收利用等做法，确保产品生产过程中资源的高效利用和环境友好；使用可追溯工具，清晰标识产品中回收材料的成分和来源，为它们进入纺织服装生产、销售和处置阶段提供信息支持。

（4）加强产品研发

通过加强产品研发，将废旧纺织品加工处理成高值化利用的产品，例如：一是空调用隔音棉。将经过处理的废旧纺织品应用于该领域主要是利用纤维本身的隔音和吸音性能。二是汽车用品。应用于汽车领域的废旧纺织品主要作为吸音、隔音、隔热、保温、减震、填充、内饰材料，充分利用纺织品轻质、吸音、隔音及保暖等性能。三是物流。目前国内该领域的主要应用为将废旧纺织品加工成物流托盘。四是建筑保温材料。废旧纺织品还可以通过一定的处理工序制成建筑保温材料，其产品已有一定程度的应用。五是防灾减灾用品。通过高效处理和再生废旧纺织纤维，辅以杀菌消毒和无害化处理工序，制成防灾减灾用品，通过政府采购进行资源化再利用。六是农用产品。将废旧纺织品加工成保温地膜等可再生农用材料，进行梯次化利用。

4. 消费者层面

消费者是行业循环转型的重要利益相关方，也是核心驱动力和压力来源。首先，消费者是绿色纺织服装的消费主体，是共享租衣、维修、二手转卖等新商业模式的参与主体。其次，消费者是行业循环发展的监督者。

目前中国主流消费者群体的绿色消费行为仍然滞后，对于自身监督者的角色也尚未清晰。消费者教育是渐进的过程，在这个过程中，学校、社会团体、第三方专业机构等组织的作用也至关重要。要真正发挥消费者的消费驱动力和监督力，产业不同利益相关方应投入合适的资源，联合更多社会力量，从不同层面开展消费者教育，帮助消费者认识其在循环时尚中的角色与作用，并积极引导消费者购买、使用、处理其纺织服装产品的行为，一起推动消费者理念和行为的改变。

第七章
可持续时尚评价
指标体系

第一节　可持续时尚评价指标选取

一、相关评价指标体系分析

评价指标体系是指由围绕评价对象各方面特征，人为设定的相互独立并统一的多个可衡量指标，所构成的具有内在结构的评价标准体系。随着时尚界对环保可持续话题的关注度日益提高，越来越多的纺织服装企业开始寻求一些工具来评估自身的可持续性程度，以促进企业可持续性发展。目前国际上使用比较广泛的可持续性评价指标体系有 GRI 指标体系和 Higg 指标体系等。除了比较宏观方面的责任披露体系，还有一些比较有针对性的评价标准，如"Oeko-Tex Standard 100"绿色生态标签、蓝色生态标签等第三方认证生态标准。这些评价指标体系对本书可持续时尚评价指标体系的构建有着十分重要的参考价值，故下面对这些指标体系作具体总结和分析。

1.GRI 指标体系

GRI 指标体系泛指由全球报告倡议组织提出的可持续发展报告指南。全球报告倡议组织（GRI）是由联合国环境规划署和美国的非政府组织——对环境负责的经济体联盟（CERES）联合成立的组织，该组织的成立主要为了提高全球企业可持续发展报告的质量，提高全球范围内可持续发展报告的可比性和可信度。全球报告倡议组织推出的可持续报告指南既是重要的社会责任信息披露指引，也是企业开展三重绩效评价的重要工具。

从指标体系大纲可知，在可持续时尚特定议题上，GRI 指标体系在经济方面主要体现在：市场表现、绩效表现、间接经济影响、反贪腐及反竞争行为、采购行为等；环境方面主要包括：物料的使用、能源可持续使用、水、生物多样性、废气、污水和废弃物排放处理、环境合规及供应商环境评估等；社会议题主要体现在：劳资关系、雇佣情况、职业健康与安全、培训与教育、多元化与机会平等、非歧视、结社自由与集体谈判、童工、强迫与强制劳动、安保措施、原住民权利、人权评估、当地社区、供应商社会评估、公共政策、顾客健康与安全、行销与标签、顾客隐私及社会经济合规。可以看出，GRI 指标体系从"经济、环境、社会"三个维度形成评价指标体系，内容相对比较全面，且在社会议题上指标相对较多。

在具体应用上，在华跨国公司、我国央企、大型国企等很大一部分企业都是以 GRI 指南作为参考标准来编写自身企业的社会责任报告。但 GRI 指标体系的应用还存在不同管理者对社会责任的不同理解导致报告存在结构差异，并非所有企业都按照 GRI 指南规定的三个层次（经济、环境和社会）进行披露，报告内容上缺乏对定量信息、具体描述性信息及负面信息的披露，各公司报告的审计鉴证标准不同等问题。对于本研究，GRI 指标体系的主要借鉴意义在于其对环境层面给出了比较通用的要求。

2. Higg 指标体系

Higg Idex 指标体系是服装行业一个主要基础性评价工具，它主要衡量和评价整个供应链中品牌商、工厂等各级企业组织环保性，是一套创新性的自我评估工具。在可持续评价中主要包括五个模块：材料、包装、制造、产品护理和维修服务等。Higg 3.0 指标体系主要内容包括：管理系统、能源和温室气体、废气、用水、废水、废物管理、化学品管理等方面。

Higg 指数是基于生态环保指数和耐克的服装环境设计工具构建的，它的作用主要是帮助各种规模的服装企业、零售业和机构自我评估环境和社会劳工绩效，找到可持续发展的方向。Higg 指数是全球超过 8000 家制造商和 150 个品牌使用可持续发展报告的标准工具。

3. 其他指标体系

本研究的其他可持续性指标主要是针对纺织品等产品认证标准，如全球有机纺织品标准（GOTS）。GOTS 是目前全球公认度最高的有机纺织品认证标准之一，其主要通过生产现场审查和纺织品残留物分析两种方式确保认证机构的评估结果客观有效。麦唐诺·布朗嘉化学设计公司（MBDC）提出了"从摇篮到摇篮"的认证项目，该认证从人、环境和设计的多维角度来评估产品的安全性。另外，蓝色标志标准是世界上知名度最高的第三方生态认证之一，其提供了一套整体评估方法，除了传统的测试项目，蓝色标志进一步将废水及废气排放、消费者安全、职业健康等层面的内容纳入标准之中。再者，Oeko-Tex Standard 100 是目前国际上影响较大、使用最广泛的绿色生态标签，其是一种用来告知消费者该纺织品已经通过有关部门检测，确认为无有害物质的标记。一般认为带有此标记的产品不但质量符合标准，而且在生产、使用、消费、废物处理过程中也符合国家绿色环保要求。一般人认为带有此标记的产品对人类健康和生态环境均无危害。

二、可持续时尚主要影响因素分析及指标体系拟定

1. 可持续时尚主要影响因素

从相关评价指标体系整理分析中发现，当下对可持续性评价比较完整的评估工具还较少。而从整个行业发展来看，基于纺织品全生命周期的各个环节建立评价指标体系是可持续发展的必经之路。行业内也在尝试构建更加适用的可持续时尚评价工具，如可持续服装联盟（SAC）参考了许多业内现有的标准，如 OIA 制定的"生态指标"、耐克的服装环境设计工具

及其他社会和劳工标准等，正在研发使客户更容易对品牌商、制造商和具体产品进行可持续评价的持续时尚评价指标。下面将从时尚产品全生命周期的各个环节分析可持续时尚主要影响因素。

（1）可持续设计阶段

设计是进行可持续时尚的第一步。设计师团队选定产品系列和产品方向，关系到产品整个生命周期的发展方向。在可持续设计阶段，行业内主要研究了可持续设计理念与原则层面。其中具有代表意义的是"减少、重新利用、循环利用、恢复、再设计、再生产"可持续设计的6R原则。这些可持续设计原则转化到实际设计生产中，主要体现在"低能耗设计、耐用设计、环保设计"三个方面。

（2）可持续采购阶段

可持续采购，顾名思义就是在采购过程中不仅考虑自身利益，还要兼顾供应商、环境、社会影响等因素。企业在采购环节发展可持续时尚就需要结合可持续设计环节评估和选择合适的供应商，采购符合环境发展要求的原材料。另外，在与原材料供应商合作期间，还应该有规划地进行相关环境绩效考核，共同打造可持续发展的供应链体系。所以，在此阶段可持续时尚影响因素主要是"原材料"和"供应商"两个方面。

（3）可持续生产阶段

可持续生产一般认为是指人类在生产过程中实现物质资料生产、自然环境和人类自身生存发展达到相互统一平衡的生产。结合具体时尚产品生产过程，主要是在完成设计和可持续原材料的采购之后，在生产环节使用科学的生产方式和技术，最大可能地减少能源消耗，废物废水等污染物的排放，实现循环可持续生产。结合GRI指标体系的环境模块和Higg指标体系，本书将从"清洁生产能力""低耗生产能力""创新生产能力"三个方面拟定指标。

（4）可持续销售阶段

时尚产品在销售阶段的可持续性发展行为不仅体现在可持续性营销等经营策略上，从整个供应链角度来看，还体现在产品的包装、运输、实体店日常销售等环节。产品包装方面主要体现在可循环再生材料的利用、减少资源浪费和丢弃包装材料造成的环境污染等；在运输方面，主要和温室气体排放和能源使用有关；在销售环节体现在循环商业模式的创新发展及企业经济效益的可持续发展等。

（5）回收再利用阶段

回收再利用是企业实现可持续循环价值链的关键一环。这一环节当下可持续行为主要体现在废旧产品回收、废水回收利用、废气回收利用、固体废弃物的无害化处理等。

2.可持续时尚指标体系拟定

通过分析现行其他可持续指标体系和可持续时尚主要影响因素，可以初步构建指标结构模型。可持续时尚评价指标体系共有三个层级，其中确定可持续时尚指标体系的目标层是可持续时尚；准则层是可持续设计、可持续采购、可持续生产、可持续销售、回收再利用；具体指标层为方案层。层次结构模型图如图 7-1 所示。

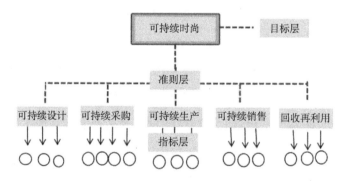

图 7-1 可持续时尚指标体系层次结构模型

从具体指标来看，可持续设计方面，低能耗设计可以用"原材料利用率、易加工程度"指标体现，耐用设计用"产品可循环利用程度"指标体现，环保设计可以用"产品可降解程度"体现；在可持续采购阶段，原材料方面选取"可再生面辅料比重、可回收利用面辅料比重"指标，供应商用"以环境标准筛选的供应商比重、供应商绿色认可度"指标表现；在可持续生产方面，选取"使用再生能源比重、废水排放量、温室气体排放量、噪声水平、固体废物排放量"体现清洁生产能力，选取"节能设备利用率、取水与排水量比、减少的能源消耗量、减少的水源消耗量"代表低耗生产能力，选取"可持续产品开发率、可持续工艺专利数、可持续生产技术研发比重"体现创新生产能力；在可持续销售方面，选用"包装材料重复利用率"作为可持续包装指标，选取"绿色运输工具比重、可持续产品盈利率、产销比、品牌形象认可度"来衡量企业在经济方面的可持续性；在回收利用方面，选取"废旧产品回收利用率、三废回收利用综合率、废弃物无害化处理成本"指标。

第二节　可持续时尚评价指标体系初步构建

一、构建原则与方法

1.构建原则

可持续时尚评价涉及指标众多，为构建一套科学合理的评价可持续性的指标，本书借鉴其他指标体系构建原则，确定科学性原则、全面性原则、代表性原则、适用性原则四个基本原则。其中，科学性原则即利用科学的构建方法来构建指标体系；全面性原则表示指标体系应涵盖时尚产品生命周期的的全领域；代表性原则表示建立的指标体系指标之间应相互独立，并在评估可持续方面具有代表性；适用性原则，即选取的指标具有普适性，既明确又具有可操作性。

2. 德尔菲法实施步骤

在拟定好指标体系大纲后，主要有两处利用德尔菲法进行研究。第一处是对各级指标进行评估和筛选，第二处是构建好指标体系模型之后，对各级指标权重打分与确定。在具体开展指标体系初步模型确立之前，先明确实施德尔菲法的基本步骤。一般来讲分为成立专家组、明确问题并编制咨询问卷、发放问卷、回收与整理匿名问卷数据、反馈和再次咨询五个环节。需要注意的是，专家的选择需要具有代表性，各专家应独立完成问卷。另外，本书采用1992年Mend和Greenrt的观点，即当达到80%及以上专家意见一致时停止发放问卷。

二、指标体系初步模型确立

1. 专家咨询问卷设计

本书在指标体系初步确立阶段共进行了两次德尔菲法，所以设计了可持续时尚评价指标构建——专家咨询问卷（第一轮/第二轮）、可持续时尚评价指标体系权重确立——专家咨询问卷两份问卷。以可持续时尚指标构建为例，本研究是基于层次分析法构建指标体系理论，结合前面几章的分析与总结设计咨询问卷。在问卷结构上主要分为：问卷说明、问卷主体、答谢三部分。在内容上，问卷说明包括对此问卷的简要介绍说明和问卷填答说明；问卷主体包括"专家基本信息""可持续时尚指标体系函询表""专家对内容的了解情况"三部分。

在内容上，专家基本信息主要从性别、年龄、最高学历、所在工作单位和从事时尚行业相关工作年限五个方面来判断专家基本情况，为数据来源提供相关背景。可持续时尚指标体系函询表是根据拟定的指标体系大纲来设计的。具体来说，达到可持续时尚为目标层；可持续设计、可持续采购、可持续生产、可持续销售、可持续回收为准则层；第三层级为指标层，也叫方案层，是基于以上几个章节选取拟定的指标。

在方法上，本研究采用李克特五级量表，通过专家对各个指标的重要性打分衡量此指标选取的合理性。问卷将指标重要性分为 1 至 5 五个等级，其中 1 至 5 分别表示：不重要、较不重要、一般重要、较重要、很重要。另外，为了使指标更加合理，问卷中还设立"增删或修改"的开放题。在数据可靠性方面，主要通过问卷第三部分"专家选择的判断依据"和"对调查内容的熟悉程度"衡量。

2. 实施德尔菲法

德尔菲法又称专家咨询法，是通过匿名问卷方式，以相关问题向专家进行咨询，完成对评价对象做出评价的一种定性与定量相结合的评价方法。其操作步骤包括以下几个方面。

（1）选定专家组

考虑到数据收集的科学性与可行性，本研究选定专家 25 人，其中北京服装学院专家 8 位（包括 5 位教授和 3 位服设专业研究生），行业内专家 17 位。专家基本情况如表 7-1 所示。

表 7-1　专家基本情况表

单位名称	人数	职位
BETTEX	1	设计师
CHI 'PAU	1	品牌创始人
CNTAC	1	可持续发展主任
Diction	1	运营人员
TaTa Manufacturing Technologies	1	PMO
WeDesign	2	市场营销、设计师
北京服装学院	8	教授、服设专业研究生
北京瑞丽杂志社	1	事业部副总经理

单位名称	人数	职位
本应自然	1	采购经理
成功湖时装	1	总经理
内蒙古鄂尔多斯服装有限公司	1	商业发展部总监
山东无框西服有限公司	1	设计部主管
素然	1	服装设计师
绣嘉贸易（上海）有限公司	1	市场部专员
中央美术学院	1	服装设计师
中国纺织工业联合会	1	社会责任研究咨询部副主任
Impact Hub Shanghai Host	1	可持续发展项目组长
合计	25	—

（2）发放收集问卷

专家咨询问卷主要通过邮件或发送线上问卷方式进行。在介绍问卷主体前先告知专家研究目的、问卷填写要求以及回收期限。问卷主体包括：专家基本情况表、拟定可持续时尚评价指标筛选表、熟悉程度和判断依据，在可持续时尚评价指标筛选表中，采用 Likert 5 级评分法评估各指标的重要性。

（3）反馈与修改

根据收集到的问卷（访问）情况整合反馈，本次专家咨询共进行了两轮。根据第一轮的咨询结果和专家意见对部分指标进行了修改和增添。然后反馈第一轮咨询结果并进行第二次指标重要性打分，得到了相对一致的专家意见。

3.德尔菲法结果分析

（1）专家的积极性

咨询问卷的有效回复率代表了专家的积极性，回复率越高说明专家对本研究的积极性越强，咨询结果也更为可靠。本研究共进行两轮问卷咨询，每轮发放问卷 25 份，所有专家在规定期限内都有效回复并提出意见，两轮咨询有效回复率为 100 %。

（2）专家意见集中度

一般认为专家意见集中度主要从指标平均值、指标满分频率、专家意见协调度来看。

某指标平均值（M_j）$= \dfrac{1}{m_j}\sum\limits_{i=1}^{m}C_{ij}$：$m_j$ 指参加 j 指标评价的专家数；C_{ij} 指 i 专家对 j 指标的评价值，指标的算术平均数越大，对指标的认可度越高。

满分频率（K_j）$= \dfrac{m_i}{m_j}$：m_j 指给满分的专家数；K_j 的取值在 0~1 之间，K_j 越大，说明对指标的认可度越高。

专家意见协调度用指标的变异系数来表示，即变异系数（V_j）$= \dfrac{s_j}{m_j}$。

V_j 即 j 指标评价的变异系数；s_j 即 j 指标的标准差；V_j 越小则专家的协调程度越高，意见集中度越好。

调查结果显示第一轮指标平均数在 3.88~4.79 之间，第二轮在 3.88~4.78 之间（满分为 5）；满分频率第一轮在 0.39~0.87 之间，第二轮在 0.43~0.8 之间。第一轮专家变异系数均小于 0.05，说明第一轮专家意见有些波动，经过修正第二轮专家意见相对集中，专家意见集中度符合要求。

（3）专家权威程度

专家权威程度（CR）$= \dfrac{C_a+C_s}{2}$：C_a 指专家对指标做出判断的依据；C_s 指专家对指标的熟悉程度；CR 越大，专家权威程度越高。

专家咨询表中要求专家对判断依据和熟悉程度分别进行选择，为了更好的分析，分别将 3 个指标进行量化。其中判断依据赋分："工作经验"1分，"理论知识"0.8 分，"国内外文献"0.6 分，"直观感觉"0.4 分；熟悉程度赋分："很熟悉"1 分，"熟悉"0.8 分，"一般熟悉"0.6 分，"不熟悉"0.4 分，"很不熟悉"0.2 分。

一般认为当 $CR \geq 0.7$，专家权威程度高。通过数据整理显示，在两轮咨询问卷中专家权威程度（CR）分别为 0.77 和 0.78，均大于 0.7，说明咨询结果可靠。

4.筛选结果与模型

经两轮专家咨询，专家意见趋于一致。删除了均值 $M_j<0.4$，满分率 $K_j<0.5$ 的指标"噪声水平""使用再生能源比重""固体废物排放量""取水与排水量之比""可持续生产技术研发比重""可持续产品盈利率""平均产销比""可持续工艺专利数"；经过专家探讨和咨询将"可再生面辅料比重"与"可回收面辅料比重"合并为"环境友好型面辅料比重"，"可持续产品开发率"调整到"可持续销售"一级指标下，最终结果形成了由 5 个一级指标和 20 个二级指标组成的可持续时尚评价指标体系，详见表 7-2。

表 7-2　可持续时尚评价指标体系筛选结果

目标层	准则层	指标层
可持续时尚	可持续设计（A）	材料利用率 (A1)
		易加工性 (A2)
		平均使用寿命 (A3)
		可降解性 (A4)
	可持续采购 (B)	环境友好型面辅料比重 (B1)
		环境标准筛选的供应商比重 (B2)
		采购透明程度 (B3)
		供应商绿色认可度 (B4)
	可持续生产 (C)	废水排放量 (C1)
		温室气体排放量 (C2)
		节能设备利用率 (C3)
		减少的能源消耗量 (C4)
		减少的水源利用量 (C5)
	可持续销售 (D)	绿色运输工具比重 (D1)
		包装材料重复利用率 (D2)
		可持续产品开发率 (D3)
		品牌形象认可度 (D4)
	可持续回收 (E)	废旧产品回收利用率 (E1)
		三废回收利用综合率 (E2)
		废弃物无害化处理效率 (E3)

第三节　可持续时尚评价指标体系定量分析

一、层次分析法定量分析步骤

进行层次分析法定量分析，先把复杂问题进行多层级分解处理，一般划分为总目标层、方案层、子目标层和准则层等，并建立判断矩阵，分析单层级内某一子元素关于父元素的重要程度，之后通过数学方法获取各元素的权重值，建立排序，用于设想方案的制定。在操作上，建立判断矩阵，计算最大特征值和特征向量 W，进行归一化处理，获取不同层级间相关指标的相对权重。

基于上一节得到的初步可持续时尚评价指标体系进行量化分析。层次分析法的定量分析步骤如下。

1. 构造判断矩阵

根据初步得到的评价指标体系，本研究一共需要构建6个判断矩阵。其中，标准层一个，指标层5个。本研究借鉴萨蒂（Saaty，1980）比例标度法，构建判断矩阵表。以标准层为例，判断矩阵表如表7-3所示。

表 7-3　标准层判断矩阵表

	可持续设计	可持续采购	可持续生产	可持续销售	可持续回收
可持续设计	1				
可持续采购		1			
可持续生产			1		
可持续销售				1	
可持续回收					1

判断矩阵表通过咨询专家（时尚行业人士、学者、可持续认证机构人员等）对课题研究中的每一个评价指标相对于其他指标的重要程度给予打分评价，完成数据收集，构造出每一层级的判断矩阵。本研究用 C_1-P、C_2-P、C_3-P、C_4-P、C_5-P、C_6-P 来表示6个判断矩阵，根据实际可知：$p_{ij}=1$，$i=j$；$p_{ij}=1/p_{ji}$，$i \neq j$；以标准层 C_i-P 为例：

$$C_1-P=\begin{bmatrix} 1 & p_{12} & p_{13} & p_{14} & p_{15} \\ p_{21} & 1 & p_{23} & p_{24} & p_{25} \\ p_{31} & p_{32} & 1 & p_{34} & p_{35} \\ p_{41} & p_{42} & p_{43} & 1 & p_{45} \\ p_{51} & p_{52} & p_{53} & p_{54} & 1 \end{bmatrix}$$

2. 计算出各判断矩阵最大特征值及对应特征向量

本研究采用方根法得到判断矩阵 C_i-P 的最大特征根 λ_{max} 特征向量 ω_i。首先，计算判断矩阵 C_i-P 每一行元素的乘积，利用公式：

$$M_i=\prod_{j}^{i} p_{ij}, \quad i=1, 2, \cdots, n$$

其次，计算 M 的 n 次方根，利用公式：

$$\omega_i=\sqrt[n]{M_i}, \quad i=1, 2, \cdots, n$$

然后，对向量 $\omega=(\omega_1, \omega_2, \omega_3, \cdots, \omega_n)$ 进行归一化，即 $\varpi_i=\dfrac{\omega_i}{\sum\limits_{i=1}^{n} \omega_i}$，$\varpi=(\varpi_1, \varpi_2, \varpi_3, \cdots, \varpi_n)^T$ 即为所求的特征向量。

最后，计算判断矩阵的最大特征根 λ_{max}，$\lambda_{max}=\sum\limits_{i=1}^{n} \dfrac{(P\varpi)_i}{n\varpi_i}$。其中 $(P\varpi)_i$ 为向量 $P\varpi$ 的第 i 个元素。

3. 一致性检验

一般当 $CR<0.1$ 时，则认为计算的层次单排序的结果符合一致性检验的要求；否则，需要对判断矩阵各指标的取值进行调整，重新计算，然后进行总排序。其中 $CR=\dfrac{CI}{RI}$，$CI=\dfrac{\lambda_{max}-n}{n-1}$，通过上一步计算结果可以计算出 CI，通过查阅数值表可以得到平均随机一致性指标 RI 的值，具体如

表 7–4 所示。

表 7–4　平均随机一致性指标 *RI* 数值表

n	1	2	3	4	5	6	7	8	9	10	11	12	13
RI	0	0	0.52	0.89	1.12	1.26	1.36	1.41	1.46	1.49	1.52	1.54	1.56

　　同理，再进行层次总排序的一致性检验，最后应用软件 Excel 处理相关数据，确立各个指标权重。定量分析流程如图 7–2 所示。

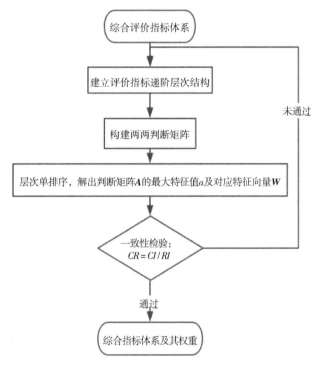

图 7–2　定量分析流程图

二、数据收集与权重计算

1. 数据收集

　　通过制作并发放指标权重专家打分表"可持续时尚指标权重专家打分表"，此轮专家调查选择的是专家小组里对可持续时尚"熟悉"及"很熟悉"的 12 位专家。指标权重专家咨询环节共发放 12 份可持续时尚指标权重专家打分问卷，共进行一轮专家咨询，问卷有效回答率为 100%，有效问卷为 12 份。

2. 权重计算过程

通过对指标权重调查问卷进行数据初步整理，采用几何平均数确定各个指标最终权重打分，得到的判断矩阵如下所示。其中，准则层相对于目标层的判断矩阵为：

$$
C_1-P = \begin{bmatrix} 1 & 3 & \frac{1}{2} & 3 & 3 \\ \frac{1}{3} & 1 & \frac{1}{3} & 2 & 1 \\ 2 & 3 & 1 & 4 & 3 \\ \frac{1}{3} & \frac{1}{2} & \frac{1}{4} & 1 & \frac{1}{2} \\ \frac{1}{3} & 1 & \frac{1}{3} & 2 & 1 \end{bmatrix}
$$

相对应可持续设计、可持续采购、可持续生产、可持续销售、可持续回收的指标权重判断矩阵分别为：

$$
C_2-P = \begin{bmatrix} 1 & 2 & 2 & 1 \\ \frac{1}{2} & 1 & 1 & 1 \\ \frac{1}{2} & 1 & 1 & 1 \\ 1 & 1 & 1 & 1 \end{bmatrix}; \quad C_3-P = \begin{bmatrix} 1 & 1 & 1 & 2 \\ 1 & 1 & 1 & 3 \\ 1 & 1 & 1 & 2 \\ \frac{1}{2} & \frac{1}{3} & \frac{1}{2} & 1 \end{bmatrix}; \quad C_4-P = \begin{bmatrix} 1 & 1 & 1 & 1 & 1 \\ 1 & 1 & \frac{1}{2} & 1 & 1 \\ 1 & 2 & 1 & 1 & 1 \\ 1 & 1 & 1 & 1 & 1 \\ 1 & 1 & 1 & 1 & 1 \end{bmatrix};
$$

$$
C_5-P = \begin{bmatrix} 1 & 1 & 2 & 3 \\ 1 & 1 & 2 & 3 \\ \frac{1}{2} & \frac{1}{2} & 1 & 1 \\ \frac{1}{3} & \frac{1}{3} & 1 & 1 \end{bmatrix}; \quad C_6-P = \begin{bmatrix} 1 & 1 & 1 \\ 1 & 1 & 1 \\ 1 & 1 & 1 \end{bmatrix}
$$

得到各指标层的判断矩阵之后，我们需要计算判断矩阵的最大特征根 λ_{max} 并进行一致性检验，才能说明这些判断矩阵具有严密的逻辑关系。如果满足一致性条件则将最大特征根 $\lambda_{\max}$ 所对应的特征向量 ω_i 进行归一化处理得到 ϖ_i，满足公式 $(C_i-P)\varpi = \lambda_{\max}W\varpi$，则特征向量 ω 的每一行所对应的数值就可作为指标重要性的权重数。目前，$\lambda_{\max}$ 和 ϖ 的计算所较常采用的方法是方根法。以标准层对目标层的判断矩阵 C_i-P 为例具体的计算步骤如下所示。

①求判断矩阵 C_i-P 每一行元素的乘积 M_i。

由公式 $M_i = \prod_{i=1}^{5} p_{ij}$，得 M_1=13.5，M_2=0.2222，M_3=72，M_4=0.0208，M_5=0.2222

②分别计算 M_i 的 n 次方根。

由公式 $\omega_i = \sqrt[n]{M_i}$，其中 i，n=1，2，3，4，5得：

ω_1=1.6829；ω_2=0.7402；ω_3=2.3522；ω_4=0.4611；ω_5=0.7402

③对各向量 ω=（ω_1，ω_2，ω_3，…，ω_n）进行归一化处理。

由公式 $\varpi_i = \dfrac{\omega_i}{\sum\limits_{i=1}^{n} \omega_i}$ i，n=1，2，3，4，5得：

$\varpi_i = (0.2816, 0.1239, 0.3936, 0.0771, 0.1239)^T$

④由公式 $\lambda_{\max} = \sum\limits_{i=1}^{n} \dfrac{(P\varpi)_i}{n\varpi_i}$，计算出 $\lambda_{\max}$=5.097。

同理可得方案层对各个标准层判断矩阵的相应权重数值计算，结果如表 7-5～表 7-9 所示。

表 7-5　可持续设计方案层判断矩阵具体计算

	A1	A2	A3	A4	M_i	ω_1	ϖ_i	加权和	近似λ
A1	1	2	2	1	4.0000	1.4142	0.3453	1.4106	4.0855
A2	1/2	1	1	1	0.5000	0.8409	0.2053	0.8274	4.0313
A3	1/2	1	1	1	0.5000	0.8409	0.2053	0.8274	4.0313
A4	1	1	1	1	1.0000	1.0000	0.2441	1.0000	4.0960
					Σ	4.0960		$\lambda_{\max}$	4.0604

表 7-6　可持续采购方案层判断矩阵具体计算

	B1	B2	B3	B4	M_i	ω_1	ϖ_i	加权和	近似λ
B1	1	1	1	2	2.0000	1.1892	0.2810	1.1270	4.0103
B2	1	1	1	3	3.0000	1.3161	0.3110	1.2539	4.0319
B3	1	1	1	2	2.0000	1.1892	0.2810	1.1270	4.0103
B4	1/2	1/3	1/2	1	0.0833	0.5373	0.1270	0.5116	4.0299
					Σ	4.2318		λ_{max}	4.0206

表 7-7　可持续生产方案层判断矩阵具体计算

	C1	C2	C3	C4	C5	M_i	ω_1	ϖ_i	加权和	近似λ
C1	1	1	1	1	1	1.0000	1.0000	0.1992	1.0000	5.1092
C2	1	1	1/2	1	1	0.5000	0.8706	0.1734	0.8858	5.1058
C3	1	2	1	1	1	2.0000	1.1487	0.2289	1.1734	5.1274
C4	1	1	1	1	1	1.0000	1.0000	0.1992	1.0000	5.0192
C5	1	1	1	1	1	1.0000	1.0000	0.1992	1.0000	5.0192
						Σ	5.0192		λ_{max}	5.0972

表 7-8　可持续销售判断矩阵具体计算

	D1	D2	D3	D4	M_i	ω_1	ϖ_i	加权和	近似λ
D1	1	1	2	3	6.0000	1.5651	0.3545	1.4217	4.0103
D2	1	1	2	3	6.0000	1.5651	0.3545	1.4217	4.0103
D3	1/2	1/2	1	1	0.2500	0.7071	0.1602	0.6455	4.0299
D4	1/3	1/3	1	1	0.1111	0.5774	0.1308	0.5273	4.0319
					Σ	4.4146		λ_{max}	4.0206

表 7-9　可持续回收方案层判断矩阵具体计算

	E1	E2	E3	M_i	ω_1	ϖ_i	加权和	近似λ
E1	1	1	1	1.0000	1.0000	0.3333	1.0000	3.0000
E2	1	1	1	1.0000	1.0000	0.3333	1.0000	3.0000
E3	1	1	1	1.0000	1.0000	0.3333	1.0000	3.0000
				Σ	3.0000		λ_{max}	3.0000

3. 一致性检验及权重确定

当判断矩阵通过一致性检验时特征向量看作各指标权重才合理。一般认为 $CR<0.1$ 时，计算的层次单排序的结果符合一致性检验的要求；否

则，需要对判断矩阵各指标的取值进行调整重新计算。其中计算公式为

$$CR = \frac{CI}{RI}, \quad CI = \frac{\lambda_{max} - n}{n-1}$$ 通过上一步计算结果可以计算出 CI，通过查阅数

值表可以得到平均随机一致性指标 RI 的值，计算结果如表 7-10 所示。

表 7-10　单层次一致性检验结果

一致性检验结果表						
	C_1-P	C_2-P	C_3-P	C_4-P	C_5-P	C_6-P
CI	0.0243	0.0201	0.0069	0.0145	0.0069	0.0000
RI	1.1200	0.8900	0.8900	1.1200	0.8900	0.5200
CR	0.0217	0.0226	0.0077	0.0130	0.0077	0.0000

由表中数值可知各判断矩阵均 $CR<0.1$，一致性检验通过，则可得出可持续时尚评价指标体系的各层指标权重，具体如表 7-11 所示。

表 7-11　可持续时尚评价指标体系指标权重

目标层	准则层	一级权重	指标层	二级权重
可持续时尚	可持续设计（A）	0.2816	材料利用率 (A1)	0.3453
			易加工性 (A2)	0.2053
			平均使用寿命 (A3)	0.2053
			可降解性 (A4)	0.2441
	可持续采购 (B)	0.1239	环境友好型面辅料比重 (B1)	0.2810
			环境标准筛选的供应商比重 (B2)	0.3110
			采购透明程度 (B3)	0.2810
			供应商绿色认可度 (B4)	0.1270
	可持续生产 (C)	0.3936	废水排放量 (C1)	0.1992
			温室气体排放量 (C2)	0.1734
			节能设备利用率 (C3)	0.2289
			减少的能源消耗量 (C4)	0.1992
			减少的水源利用量 (C5)	0.1992
	可持续销售 (D)	0.0771	绿色运输工具比重 (D1)	0.3545
			包装材料重复利用率 (D2)	0.3545
			可持续产品开发率 (D3)	0.1602
			品牌形象认可度 (D4)	0.1308
	可持续回收 (E)	0.1239	废旧产品回收利用率 (E1)	0.3333
			三废回收利用综合率 (E2)	0.3333
			废弃物无害化处理效率 (E3)	0.3333

第八章
C&A 可持续发展案例分析

第一节　C&A 概述

  C&A 是一家全球时尚零售商，成立于 1841 年，总部位于荷兰。C&A 在 18 个国家拥有超过 1500 家门店，主要分布在欧洲和拉丁美洲，员工人数超过两万名，以提供价格适中的时尚产品闻名，是欧洲领先的时尚零售商之一。随着消费者对环保实践的需求不断增长，C&A 开始采取一系列重要措施以改善其可持续性足迹。

  C&A 销售种类繁多的服装、鞋类和配饰，适用于不同性别和所有年龄段，其提供的时尚产品价格实惠，同时将线上和线下购物相融合，提供"在线购买/店内取货"等服务。为了提供这些产品和服务，C&A 的价值链包括各种利益相关者，从原材料采购（上游）到向最终用户交付产品（下游）的一系列活动，关键步骤包括原材料提取和加工、材料生产、最终产品组装、零售运营、消费者使用和生命周期结束。

  C&A 执行严格的道德标准和行为准则，最大限度地减少环境足迹，确保原材料来源是可持续的。它们的生长和制造方式使用较少的自然资源，尊重生态系统。C&A 参与了促进循环经济计划，如服装回收计划，以及为满足特定需求而开发的产品回收或通过转售获得第二次生命。本章案例研究将详细介绍 C&A 的多元化可持续发展战略及其对公司运营的影响。

第二节　C&A 可持续发展目标

2020 年，C&A 从环境（E）、社会（S）、公司治理（G）三方面制订了 2028 年的循环经济目标（表 8-1），努力在为人民做最好的事情方面发挥行业领先作用，专注于制造什么，如何制造它，以及服务所有购买品牌衣服的人。

表 8-1　C&A 的循环经济目标

	环境（E）	社会（S）	公司治理（G）
目标	减少负面影响 不断减少对环境的影响，并定期更新目标	改善人类福祉 致力于提升价值链中每个人的福祉	做出正确的决定 努力将可持续发展无缝融入所有业务决策中
举措	大幅减少自身运营和供应链中的二氧化碳排放量 向循环资源使用过渡 增加可再生和 / 或回收材料的份额 不断增加使用更安全的化学品	尊重人权 改善工作条件 确保工作场所的健康和安全 促进公平、包容、平等待遇和所有人的机会	将可持续性牢牢融入业务流程 在自身运营中以及与我们所有的商业伙伴一起培养和支持道德商业行为

资料来源：C&A Sustainability Report 2023。

基于此，C&A 制订了四个可持续战略目标，这与它的整体循环经济目标是一致的。这些目标包括可持续材料、循环产品、塑料消除和动物福利，并与优化材料、优化资源流入和流出以及最大限度地减少浪费相一致。到 2028 年，C&A 要实现以下目标：

①可持续材料：100% 的核心材料都来自更可持续的来源（重点关注流入）。

②循环产品：十分之七的产品在设计、生产和再利用过程中符合循环

设计原则（重点关注废物流入和流出）。

③消除塑料：100% 消除店铺、电商平台和运输包装中的原始塑料（重点关注废物流入和流出）。

④动物福利：75% 的核心动物基材料都按照既定的动物福利标准进行认证（重点关注流入量）。

一、可持续材料目标

C&A 的目标是成为增加使用更可持续材料的行业领导者。可持续的材料指对环境和社会的影响比传统材料小的材料。C&A 正在与其他公司合作，促进有机棉花种植，提高纺织品回收能力，关注核心材料的使用，提高可追溯性，并将下一代材料推向市场。

实现可持续材料目标要以负责任的采购和创新为中心。大规模可用的可持续材料存在局限性，因此，C&A 致力于与服装行业的其他企业合作，研究、试点和扩大创新更可持续的替代品，目前的重点是提高材料的可追溯性。

C&A 设定了到 2028 年实现所有核心材料 100% 可持续采购的目标。这里所指核心材料是指棉花、聚酯和再生纤维素纤维，几乎占 C&A 原材料的 90%。可持续材料的界定使用纺织交易所的纤维和材料指数等行业工具进行评估。

二、循环产品目标

到 2028 年，10 种产品中有 7 种应符合循环性原则。C&A 的战略是将回收材料整合到产品中，使产品设计适应循环经济，并测试和扩展可行的循环商业模式。在这里，要充分考虑到纺织材料的收集、自动分拣、再加工和回收方面的挑战。基于此，C&A 目标是设计和制造可以重复使用、再制造或回收的产品，以及尽可能长时间地使用产品。

①由安全、可回收或可再生的投入物制成的产品。可回收材料的使用比例不低于 20%，使用不含有害物质且与有限资源消耗脱钩的材料。

②重新制造。C&A 产品的设计和制造方式应使其可以重复使用、重新制造和回收。

③重复使用。C&A 希望支持和开发延长产品寿命的商业模式，使二手服装能够流通。

三、塑料消除目标

C&A 致力于到 2028 年消除店铺、电商平台和运输包装中 100% 的一次性原始塑料使用，从而减少塑料污染。

C&A 的塑料消除战略侧重于避免使用原始塑料的可行解决方案，包括采用和开发可回收材料和创新替代品，优先考虑将回收内容纳入包装和产品中，减少对原始塑料生产的依赖，并最大限度地减少对环境的影响，同时还投资研发传统塑料的创新替代品。与 2019 年相比，2023 年一次性塑料的使用减少了 36.25%，在分销和运输领域，2023 年一次性塑料的使用比 2022 年减少 9%，电商平台大幅减少了 116 吨塑料塑料袋，与 2022 年相比减少了 26%。2023 年，用可回收的塑料袋取代了 35% 的原始塑料袋。

四、动物福利目标

C&A 可持续发展战略中确定了在整个供应链中确保动物福利的目标：从经过认证的来源采购 75% 的核心动物基材料。到 2028 年，达到既定的动物福利标准，并特别承诺 100% 认证的羊绒。

C&A 的动物福利政策长期致力于动物福利并要求供应合作伙伴遵守国际公约。在任何情况下，公司都不会接受《濒危野生动植物种国际贸易公约》和国际自然保护联盟红色名录中定义的外来、受威胁或濒危物种的任何材料。2023 年，近 30% 的动物源性产品已通过第三方标准认证，包括负责任羽绒标准和可持续纤维联盟。

目前，C&A 正在修订其可持续发展战略 KPI 和更新的目标（表 8-2）。

表 8-2　C&A 的可持续发展目标

目标	KPI	基期	2023 改进	目标
就明确、定期审查的气候变化目标采取行动	（%）到 2030 年，在所有范围内减少绝对温室气体排放	3497822 tCo2e (2018)	− 39%	− 30% (2030)
成为增加可持续材料使用的行业领导者	（%）核心材料的可持续性使用率	68% (2019)	79.60%	100% (2028)
创新并将循环原则与业务和产品联系起来	# /10 种产品中通过设计、生产和重复使用的方式延长使用寿命	0/10 (2019)	1.6/10	7/10 (2028)
致力于消除塑料污染	（%）在专卖店、网店和运输包装中使用一次性塑料的可持续替代品	1840mt（2019）	− 36.25%	− 100% (2028)
通过提高产品和业务的透明度，使客户能够做出明智的选择	（%）可以在 C&A 做出明确选择的客户比例	44% (2021)	35%	55% (2028)
在整个供应链中不断改进和保护安全化学品	（%）所使用的化学品是经批准的安全化学品的比例	79% (2019)	89.30%	100% (2028)
在整个供应链中保护动物福利	（%）已通过动物福利标准认证的动物材料比例	5.2% (2019)	29.50%	75% (2028)

资料来源：C&A Sustainability Report 2023。

第三节　C&A 可持续发展的举措

C&A 的可持续发展举措体现在其全球可持续发展框架中，主要围绕以下三个核心支柱：

①可持续产品：减少产品材料对环境的影响。

②可持续供应链：确保生产过程的伦理性与责任性采购。

③可持续生活：提高社会责任，包括公平工资、安全工作条件以及社区参与。

这些支柱与更广泛的全球目标（如支持联合国可持续发展目标，特别是负责任消费、气候行动以及体面工作）相一致。这三个支柱具体体现在以下举措中。

一、可持续产品

C&A 致力于生产对环境影响较小的服装，重点在于使用可持续材料、环保工艺和创新设计原则。

1. 有机棉领导地位

C&A 在使用有机棉方面处于行业领先地位。公司自 2004 年开始使用有机棉，并持续扩大这一举措。截至 2023 年，C&A 所使用的棉花中，75% 是通过更好棉花倡议（Better Cotton Initiative，BCI）或有机种植的。与传统棉花相比，有机棉的种植减少了 91% 的水资源使用，并且消除了有害农药和化学品，显著降低了对环境的影响。

2. Cradle-to-Cradle 认证产品

2017 年，C&A 推出了全球首款 Cradle-to-Cradle（C2C）金牌认证 T恤。C2C 认证是一项严格的标准，评估产品从材料来源到回收的整个生命周期的可持续性。C&A 目前提供多种 C2C 认证产品，包括牛仔裤和 T恤，这些产品的设计考虑到了对环境的最小影响，并且完全可回收。这项认证确保服装可以被安全地降解或重新投入生产循环，促进循环经济理念的发展。

3. 回收材料

除了有机棉，C&A 还增加了回收纤维的使用。公司推出了使用回收聚酯纤维的系列产品，这有助于减少对新塑料材料的依赖，并推出了使用回收羊毛的服装。2023 年，C&A 开始进行技术革新，将用过的棉纺织品回收为粘胶和莱赛尔等纱线的原料，旨在减少对原生羊毛浆的依赖，并找到解决农民焚烧农业废物问题的方法。

二、循环时尚举措

循环时尚的概念是 C&A 可持续发展努力的核心，旨在延长产品生命周期并减少浪费。

1. 服装回收计划

2018 年，C&A 在多个欧洲国家推出了"We Take It Back"计划，允许顾客将任何品牌的不需要的服装返还至 C&A 门店。这些衣物会被分类并进行再销售、再利用或回收成新纤维。截至 2022 年，C&A 通过回收计划收集了超过 1000 吨服装，减少了进入垃圾填埋场的纺织废料。

除此之外，C&A 还与二手服装零售商 TEXAID 合作，将回收的二手衣服放在其店铺售卖。2022 年在该零售商的六家德国商店开始试点，顾客对商店里的二手服装表现出了强烈兴趣。根据 2023 年进行的一项调查，75%的消费者知道 C&A 的二手服装店铺并对报价感到满意或非常满意。通过该举措，C&A 将未售出的季节性商品的数量从 2021 年的 939 吨减少到2023 年的 755 吨。

2. 为回收设计

C&A 设计了越来越多易于回收的服装，确保纺织品及其组件（如纽扣或拉链）可以轻松分离并重复使用。其 Denim for Good 系列牛仔裤采用 100%可回收材料制成，且通过激光处理和无水染色等环保工艺生产。C&A 与TEXAID 合作，根据欧洲的回收能力，了解每天哪些可以回收，哪些不能回收。基于这项研究，公司定义了 C&A 回收设计标准，考虑了影响可回收性的所有因素，如织物、构图、印刷、装饰、涂层和饰面、装饰等。

2022 年 9 月，C&A 推出了一个胶囊系列，其中包括六件手工制作的独特牛仔单品。公司从德克萨斯州 C&A 的季末牛仔服装中采购了消费后牛仔裤，TEXAID 公司为这个项目收集、分类、清洗和分级了所有消费后牛仔裤，一旦牛仔裤经过分类和预处理，就可以进行再制造了。

3. 纺织品回收创新

C&A 是首批提供 100% 再生棉牛仔裤的品牌之一。C&A 与 Worn Again Technologies 等公司合作，推动纺织品回收的技术创新。这项合作致力于将旧服装分解成可用于生产新纺织品的原材料，从而减少对原始资源的依赖。

纺织品回收面临许多挑战。纺织废料可能含有不同的纤维，很难将它们彼此分离。当纤维经过机械回收过程时，长度缩短，从而降低了所得纱线和织物的强度。此外，在欧洲，纺织品生命周期结束时的收集和分拣系统仍需进一步开发和自动化，但再生纺织品的市场需求仍在增长，在未来几年大幅提高再生棉的比例是实现 C&A 2028 年可持续发展目标的重要战略重点。

三、可持续供应链

C&A 专注于改善全球复杂供应链的透明度，并确保其各环节的伦理性。

1. 供应商行为准则

C&A 的供应商必须遵守公司制订的行为准则，该准则详细规定了工人权利、公平工资、工作条件以及对环境的影响。C&A 定期进行审核和工厂访问，以确保符合标准。行为准则对童工、强迫劳动或不安全的工作条件采取零容忍政策。

2. 公开供应商名单

为了提高透明度，C&A 成为第一批公开其全球供应商名单的主要时尚零售商之一。这一公开举措是 C&A 承诺确保供应链各环节符合高标准的伦理和环境要求的一部分。C&A 的供应商选择与合规监测系统根据可持续发展指标评估供应商的表现。

3.可持续棉花采购

棉花约占 C&A 为产品采购的所有纤维的 62%。众所周知，传统的棉花种植和生产过程在用水和污染、土壤质量、生物多样性和温室气体排放方面对环境有着重大的负面影响。传统棉花种植中使用的化学物质也对农民和更广泛社区的健康构成风险。在采购比传统纤维更可持续的棉花时，C&A 采用了许多不同的标准，即投资组合方法，这意味着，所有的棉花都是有机的或经过转换认证的再生棉，或通过"更好的棉花倡议"采购的棉花。此外，C&A 还与"非洲棉花项目（Cotton Made in Africa, CmiA）"合作，旨在赋权小规模棉农并确保可持续农业实践。2022 年，C&A 以更可持续的方式采购了 98% 的棉花（66% 的 BCI、25.7% 的有机棉、5.7% 的转化棉、0.9% 的再生棉），截至 2023 年，C&A 已达到其目标，即 100% 的棉花来源于可持续渠道。

从图 8-1 可以看出，C&A 的原材料中，可持续棉花一直占比非常高，可持续人造纤维素和可持续聚酯占比逐年提高。

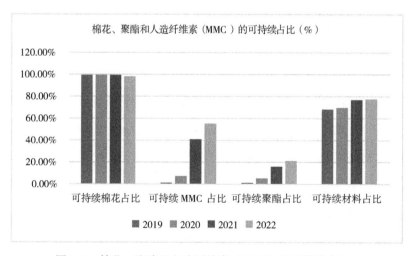

图 8-1　棉花、聚酯和人造纤维素（MMC）的可持续占比

资料来源：C&A Sustainability Report 2023。

四、环保目标

除了专注于产品和供应链，C&A 还制订了明确的环保目标，涵盖从零售店到配送中心的各个运营环节。

1. 碳排放减少

C&A 正在积极减少其碳足迹。公司承诺到 2025 年将温室气体排放量减少 30%（与 2018 年相比）。C&A 推出了节能照明，在关键地点引入了太阳能等可再生能源，并优化运输物流，以减少供应链中的碳排放。

2020 年，C&A 制订了科学目标计划，到 2030 年将所有部门的温室气体绝对排放量减少 30%，包括自身运营及供应链企业。根据《巴黎协定》将全球变暖限制在远低于工业化前水平 2℃的目标。

①到 2030 年，办公室、配送中心和零售店的绝对温室气体排放量将减少 30%。

②到 2030 年，价值链中的温室气体绝对排放量将减少 30%。

同时，C&A 根据《温室气体议定书》确定范围 1、2 和 3 的温室气体排放清单，清晰了解到在哪些方面有潜力进一步减少排放，减少温室气体排放的最大杠杆在供应链中，自身业务也需要同步减排（表 8-3）。

表 8-3　C&A 气候管理步骤

影响、风险和机遇管理	• 识别和评估与气候相关的重大影响、风险和机遇 • 评估、优先考虑风险，制订风险缓解和适应计划，并建立弹性 • 评估财务影响
计算并披露影响	• 根据可持续发展战略收集温室气体排放和能源使用数据 • 确保透明的披露和报告
解决直接和间接影响	• 更新近期基于科学的目标，根据 1.5 度路径制订新的净零目标，并确定新的基准年 • 根据可持续发展战略完善关键的脱碳杠杆，并量化预期的减排影响 • 优先采取具有高影响潜力的减排行动
减缓气候变化过渡计划	• 根据可持续发展战略完善过渡计划，并确保其与 C&A 的总体战略和财务规划相结合 • 在管理委员会层面整合气候行动措施，以确保问责制和责任制

资料来源：C&A Sustainability Report 2023。

（1）聚焦 LED 改造举措

作为持续致力于增加能源的一部分，2023 年的重点是提高自身运营的效率，改造的重点指向照明。调查显示，C&A 只有三分之一的商店配备 LED 照明。为了解决这个问题，公司计划启动一项 LED 改造计划，其目标是安装节能 LED，到 2027 年底，预计这一举措将减少范围 2 的总用电量约为 50%。

（2）寻找可再生能源

除了照明计划，C&A 还一直专注于可再生能源的使用。2023 年，可再生能源占 C&A 自身运营总用电量的 80%。这是通过 100% 可再生原产地保证证书来保证的。

（3）供应链碳减排试点项目

除了公司自身运营，供应链排放涉及与供应商的协作努力。C&A 分阶段选择了供应商参与该项目，2022 年，最后一批 16 家工厂完成了计划和培训。作为试点项目的一部分，选定的供应商和外部气候咨询公司通过现场评估和咨询制订了可行的碳减排目标。到 2030 年，供应商工厂平均减排 10%～20%，包括 2025 年至 2028 年逐步淘汰煤炭。这凸显了生产国基础设施所需的系统性变革，因为潜在的个别削减不足以实现该目标，也不足以推动行业的必要变革。

作为环境评估的一部分，C&A 从 200 多家工厂收集了经过验证的排放数据。这些数据被输入排放计算工具，该工具考虑了基于生命周期评价的材料数据。通过这种方式，C&A 努力获得最全面的数据，以便能够考虑产品的整个价值链。

从表 8-4 可以看出，C&A 逐步减少了其绝对排放量，与 2018 年的基线相比，2023 年温室气体排放量（CO_2e）减少了近 39%。然而，这一减少不是供应链的重大变化。这些数据表明，需要在整个供应链中采取更多行动来推动减排，还要让正确的利益相关者参与进来，如生产国的政府和政策制定者。

表 8-4　温室气体排放减排成果

基于科学的目标排放（tCO₂e）	2018 年（基准）	2023 年	2030 年	需要减排	实现减排
温室气体排放总量（范围 1、2、3）	3497822	2144560	2448475	1049347	1353262
范围 1	18724	12893	13107	29843	48936
范围 2	80753	37648	56527		
范围 3	3398345	2094019	2378842	1019504	1304326

资料来源：C&A Sustainability Report 2023。

2. 水资源管理

水资源短缺和对水系统的其他影响对世界各地的社区构成了重大风险，也影响了供应链的可行性。在生产中，特别是在染色和整理阶段，耗水量非常大。C&A 与环保组织合作，在其制造过程中实施了节水技术。例如，在某些牛仔产品的生产中采用了无水染色技术，使用水量减少了80%。

C&A 还致力于确保水不含有害化学物质，并可供子孙后代使用。C&A，在价值链的每个阶段都用水——从作物灌溉和生产中的湿法工艺到自己的运营和客户使用。公司目前正在修订用水目标，使其符合最新的行业要求。这包括在供应链中跟踪用水量的措施，也包括在自身运营中对水的使用和管理。

3. 化学品管理

作为危险化学品零排放（ZDHC）倡议的创始成员之一，自 2015 年以来，C&A 一直在与其他签署品牌合作，实施 ZDHC 零排放路线图框架，并分别于 2011 年 11 月、2014 年 6 月发布了联合路线图和生产限用物质清单（Manufacturing Restricted Substances List，MRSL），引领服装和鞋类行业所有产品的供应链中的所有排放途径达到有害化学物质零排放。对于 C&A，每个生产单元使用的化学品必须 100% 符合 ZDHC MRSL 合规性等级 1 或更高的最新版本。2023 年，89% 的化学品已达到这一目标。

（1）化学品输入管理

C&A 供应商必须采购符合 ZDHC 要求的化学品。在实践中，这意味着根据 ZDHC 制造限制物质清单（MRSL）的要求对化学产品进行检查和测试，并将结果登记在 ZDHC 网关中。公司使用服务提供商提供的工具跟踪主要供应商的化学品库存，能够及时监控上传到平台的化学品以及供应商使用的化学品的合规性，确保参与的运营符合我们对可持续化学品管理的绩效要求来评估其绩效。

审查供应商的月度库存，能够提高化学品使用的透明度，并确定化学品是否符合最新的 MRSL。C&A 供应链中化学品的平均合规率从 2021 年的 79.5% 提高到 2022 年的 83.2%。

（2）流程管理

每家工厂都有具备正确技能和知识、程序、工具和专业知识的员工，在日常运营中安全使用和处理化学品。在公司的评估中重点关注能源消耗、化学品和废水质量，还检查供应商是否实施了适当的化学品处理政策和程序。自 2018 年以来，供应商工厂在影响环境的所有领域的整体业绩每年都在提高。

（3）输出管理

C&A 致力于按照 ZDHC 公开报告检测进展情况，根据 ZHDC 废水指南确保清洁水排放。通过测试 MRSL 中列出的化学物质的原废水，验证每个设施中危险化学品的消除情况。如果检测到 MRSL，将启动纠正措施计划，以找到检测的根本原因。2022 年 C&A 的废水取样和测试中，根据 223 家工厂参与的年度废水检测结果，88% 的直接排放场所的 MRSL 化学品低于阈值，92% 的场所在 ZDHC 废水指南中列出的常规参数的基本范围内。

4.废物管理与回收

C&A 目标是尽可能多地减少垃圾填埋。公司在门店和配送中心实施了严格的废物管理政策。例如，纸板、塑料和纺织品会被分类并回收，而有机废物则用于堆肥。

监控、减少和回收塑料包装、纸板和纸张。2022 年，C&A 的配送中心收集并分拣了 10672 吨纸张和 756 吨箔片，并将其送往适当的回收设施。大部分塑料废物来自消费塑料，尤其是在产品的包装和销售方面。2022 年 C&A 增加了回收塑料袋的使用，并在线上业务中测试了生物基替代品以扩大其规模。到 2028 年将消除商店、电子商务和运输包装中的原始塑料。

聚乙烯袋用于在运输和储存过程中保护服装和鞋类，由原始塑料制成的传统塑料袋具有很高的碳足迹。2022 年，C&A 在生产国孟加拉国引入了再生塑料袋。

除了塑料包装，商店中常用于展示袜子的一次性塑料挂钩也有极高的碳足迹。由于其体积小，这些一次性塑料钩在回收方面构成了挑战。在 2022 年，C&A 仅袜子钩就产生了超过 11 吨的塑料废物，是店内塑料废物量中最大的一项。C&A 正在与其他公司合作研发一种无痕材料 traceless 作为替代。尽管 traceless 看起来和感觉都像塑料，但它完全由植物残留物制成，不含塑料。

从表 8-5 可以看出，C&A 非危险废物的使用量逐年下降，过季商品和退货也在二手服装零售商 TEXAID（见本节的服装回收计划部分）的合作下重新进入流通领域，减少了变成废物的可能性。

表 8-5　C&A 非危险废物体积（吨）

项目	2020	2021	2022	2023
原始塑料总量	1471	1407	1404	1173
分销 & 运输	728	705	756	687
电商	546	506	451	335

续表

项目	2020	2021	2022	2023
店铺	197	196	197	151
纸板 / 纸张	10522	9561	10672	9033
包装总重量	11993	10968	12076	10206
过季商品和退货	1312	939	904	755
衣架	1946	1962	1895	1653

资料来源：C&A Sustainability Report 2023。

五、社会责任

C&A 的可持续发展举措同样包括对社会责任的高度承诺，尤其是在改善供应链中工人的福利方面。

1. 公平工资与工作条件

公司与公平劳动协会（Fair Labor Association, FLA）和伦理贸易倡议（Ethical Trading Initiative, ETI）等组织合作，确保其供应商为工人提供公平工资、合理的工作时间和安全的工作条件。C&A 还鼓励工厂工人与管理层之间的社会对话，以促进更好的劳动关系。

2. 赋权女性

C&A 在供应商工厂内实施了多个赋权女性的项目。例如 C&A 基金会的女性赋权计划，该计划为女装工人提供教育、医疗和金融资源的机会。这一项目在孟加拉国和印度等国家尤为重要，因为这些国家的制衣工人大多数是女性。

3. 工作场所安全举措

在 2013 年孟加拉国发生的 Rana Plaza 灾难后，C&A 签署了孟加拉国消防与建筑安全协定，该协定具有法律约束力，旨在改善孟加拉国制衣工厂的建筑安全。C&A 继续在其主要采购国投资工作场所安全措施。

第四节　C&A 可持续发展的成果与挑战

一、成果

1. 全球认可

C&A 的可持续发展努力使其赢得了全球组织的认可。C&A 被列入了全球最具可持续发展力的 100 家公司，其在有机棉采购方面的领导地位也得到了纺织交易所（Textile Exchange）和可持续棉花排名（Sustainable Cotton Ranking）的认可。

2. 顾客参与

C&A 的服装回收计划等举措吸引了消费者参与可持续时尚运动。公司帮助提高了人们对服装回收和选择可持续材料重要性的认识。

3. 供应链改进

C&A 对供应商信息的公开以及对孟加拉国消防与建筑安全协定的遵守，已显著改善了供应链中的工作条件和透明度。

二、挑战

尽管 C&A 在可持续发展方面取得了显著进展，但仍然面临一些挑战。

1. 供应链复杂性

管理和监督全球供应链，尤其是在治理有限且劳动法各异的地区，仍然是一个挑战。C&A 在孟加拉国和印度等国家的供应商始终受到严格监督，以确保符合道德标准。

2. 快速时尚模式

作为一家大型的快速时尚零售商，C&A 的商业模式本质上促进了过度消费。虽然公司在可持续发展方面取得了进展，但全球生产的服装数量仍然是环境退化的主要原因。

3. 塑料使用

尽管 C&A 在减少对新聚酯纤维的依赖方面取得了进展，但该公司仍然在许多服装中使用合成纤维。这些材料源自化石燃料，并且会造成微塑料污染。

C&A 的可持续发展举措反映了公司在应对时尚行业环境和社会影响方面的承诺。通过专注于可持续产品、透明供应链、循环时尚和社会责任，C&A 正在将自己定位为可持续时尚的领导者。虽然 C&A 仍面临供应链管理、快速时尚模式和塑料使用等挑战，但其在全球范围内的持续改进和创新举措，显示出公司致力于推动时尚行业向更加环保、伦理和负责任的方向发展。C&A 的实践为其他时尚品牌树立了标杆，展示了在追求商业成功的同时，也可以兼顾环境与社会责任。通过与消费者、供应商和非政府组织的密切合作，C&A 正在为实现更加可持续的未来贡献力量。

第九章
我国服装企业碳排放

第一节　服装企业碳减排的宏观背景

联合国环境规划署披露的数据显示，虽然全球二氧化碳排放量在2020年下降了5.4%，但是以很快的速度反弹并持续上升。在未来20年里，全球变暖超过1.5℃的概率为50%，除非立即迅速地大规模减少温室气体排放，否则在21世纪末将升温幅度控制在1.5℃甚至2℃将是遥不可及的目标。环境问题已经成为影响人类发展的全球性问题。

一、我国双碳战略的要求

"双碳"即指碳达峰和碳中和。碳达峰指地区或行业的年度二氧化碳排放量达到历史最高值后不再增加，随后转入逐步下降的过程。碳中和是指通过节能减排的措施抵消自身排放的二氧化碳及温室气体，实现相对"零排放"。2020年9月22日，习近平总书记在第75届联合国大会上宣布中国二氧化碳排放力争于2030年前达到峰值，努力争取2060年前实现碳中和。

2021年9月22日，中共中央、国务院发布《中共中央　国务院关于完整准确全面贯彻新发展理念做好碳达峰碳中和工作的意见》（以下简称《意见》）。《意见》提出了我国双碳战略的阶段性目标，即：到2025年，绿色低碳循环发展的经济体系初步形成，重点行业能源利用效率大幅提升。单位国内生产总值能耗比2020年下降13.5%；单位国内生产总值二氧化碳排放比2020年下降18%；非化石能源消费比重达到20%左右；森林覆盖率达到24.1%，森林蓄积量达到180亿立方米，为实现碳达峰、碳中和奠定坚实基础。到2030年，经济社会发展全面绿色转型取得显著成效，重点耗能行业能源利用效率达到国际先进水平。单位国内生产总值能耗大幅下降；单位国内生产总值二氧化碳排放比2005年下降65%以上；非化石能源消费比重达到25%左右，风电、太阳能发电总装机容量达到12亿千瓦以上；森林覆盖率达到25%左右，森林蓄积量达到190亿立方米，二氧化碳排放量达到峰值并实现稳中有降。到2060年，绿色低碳循环发展的经济体系和清洁低碳安全高效的能源体系全面建立，能源利用效率达到国际先进水平，非化石能源消费比重达到80%以上，碳中和目标顺利实现，生态文明建设取得丰硕成果，开创人与自然和谐共生新境界。

同时，《意见》对推进经济社会发展全面绿色转型、深度调整产业结构、加快构建清洁低碳安全高效能源体系、加快推进低碳交通运输体系建设、提升城乡建设绿色低碳发展质量、加强绿色低碳重大科技攻关和推广应用、持续巩固提升碳汇能力、提高对外开放绿色低碳发展水平、健全法律法规标准和统计监测体系、完善政策机制、切实加强组织实施方面提出了具体要求。

双碳目标的提出，是我国承担应对全球气候变化的大国责任担当，是我国经济实现绿色、高质量发展的重要抓手。此举不仅对我国环境污染治理、生态改善有着积极的意义，而且对我国经济结构转型及高质量发展具推动作用。

二、纺织服装产业节能减排背景

纺织服装业的碳排放量占全球碳排放总量的约10%，是名副其实的排放大户，在发展过程中也需承担相应的环境责任。自"十一五"规划开始，节能减排工作就逐步成为我国纺织服装产业发展中的重要工作。同时，近十几年来相继出台的相关法律法规也要求纺织服装产业加强化学品、水、能源足迹溯源和供应链管控，淘汰落后产能，降低污染物排放，提升全行业的可持续发展能力。表 9-1 体现了自 2006 年以来部分对纺织服装产业节能减排产生影响的重要事件。

表 9-1 对纺织服装产业节能减排产生影响的重要事件

时间	重要事件	对纺织服装产业节能减排产生的影响
2006	《纺织工业"十一五"发展纲要》	提出了纺织工业在"十一五"期间发展中的三个约束性指标，其中的环保指标明确提出：到 2010 年，单位产值的污水排放量要比 2005 年降低 22%
2007	国务院发布《节能减排综合性工作方案》	明确了实现节能减排的目标任务和总体要求，提出控制高耗能、高污染行业过快增长，并要求在钢铁、纺织、造纸等重点行业，要求强化企业的主体责任，促使企业承担污染治理责任
2007	商务部、环保总局发布了《关于加强出口企业环境监管的通知》	确立了"绿色外贸"的原则，要求加强出口管理环节企业环保达标审核，对查处属实的环境违法行为进行行政处罚并予以公开，在最严重的情况下，环保违法企业将被暂停出口资格
2008	修订的《节约能源法》正式施行	对于纺织工业，特别是作为高能耗、高污染产业的印染行业，《节约能源法》的实施，将面临市场准入标准的提高与更为严厉的高能耗违法处罚
2008	国家发展和改革委员会公布了《国家重点节能技术推广目录（第一批）》	与纺织行业有关的节能技术主要包括：棉纺织企业智能空调系统节能技术、染整企业节能集热技术、高温高压气流染色技术等。这将对纺织产业加快重点节能技术的推广普及，引导企业采用先进的节能新工艺、新技术和新设备，大幅度提高能源利用效率，产生政策推动力
2008	《中华人民共和国循环经济促进法》获得通过	国家对钢铁、有色金属、煤炭、包括印染等行业中年综合能源消费量、用水量超过国家规定总量的重点企业，实行能耗、水耗的重点监督管理制度
2008	美国颁布《消费品安全促进法案》	要求生产商和进口商必须提交书面证书，保证用于仓储或消费的进口产品符合美国消费品安全委员会的规章、禁令、规定或管理标准
2008	欧盟已经正式实施的《化学品注册、评估、许可和限制方法》（即 REACH 法规）进入预注册阶段	该法规将使我国纺织企业的出口成本至少提高 5% 以上，进口成本提高 6% 以上。作为化工行业下游的纺织行业也受到其直接影响，主要是采用化工原料染色后整理加工的纺织服装产品，在今后出口到欧盟国家时会受到极为严格甚至近乎苛刻的限制

时间	重要事件	对纺织服装产业节能减排产生的影响
2008	欧盟《关于限制全氟辛烷磺酰基化合物销售及使用的指令》正式生效	标志着欧盟正式全面禁止全氟辛烷磺酰基化合物（简称PFOS）在产品中的使用。PFOS在纺织业中存在范围最广，任何需要印染以及后整理的纺织品都需经过利用PFOS的前处理洗涤，另外如抗紫外线、抗菌等功能性后整理流程所使用的助剂也可能含有PFOS。禁令实施后，将对我国纺织品、皮革、印染助剂等产品的出口造成较大影响，PFOS类产品的使用和市场投放将受到限制
2009	美国众议院通过了征收进口产品"边界调节税"的法案	明确从2020年起开始对进口高碳排放产品征收"碳关税"
	欧盟委员会第2009/567/EC决议修改了纺织品及床垫环保标签的颁发标准，要求各个产品类别均须符合若干生态标准（如对气候变化的影响、能源和资源消耗、以及废料产生等），才能获得环保标签——花朵标志	该环保标签计划属自愿性质，但其对全球市场的"绿色"责任导向的影响力重大
2010	《国务院关于进一步加强淘汰落后产能工作的通知》正式公布	工业信息化部正式向各地下达了2010年18个行业淘汰落后产能的目标任务。在这份任务表中，涉及纺织服装制鞋业的内容包括：皮革淘汰1200万标张产能，印染产业淘汰31.3亿米相关产能，而化纤则要淘汰55.8万吨相关产能
	工业和信息化部发布《部分工业行业淘汰落后生产工艺装备和产品指导目录（2010年本）》	涉及纺织行业的有35项
	国际标准化组织（ISO）在瑞士发布了社会责任指南标准（ISO 26000）	有利于统一社会各界对社会责任的理解，也能为企业履行社会责任提供可参考的指南
2011	《环境保护法修正案（草案）》	提出了按日计罚、限期治理、总量控制、环境公益诉讼、环境信息公开等环境治理措施和责任规范
	环保部颁布《工业污染源现场检查技术规范》《危险化学品安全管理条例》	强化环境保护的治理措施和法律责任，细化了环保工作的技术规范
	国务院发布《"十二五"节能减排综合性工作方案》	明确要求"重点推进……纺织、印染……行业节能减排，明确目标任务"
	国务院《关于加强环境保护重点工作的意见》	明确提出"对印染……行业实行化学需氧量和氨氮排放总量控制"

时间	重要事件	对纺织服装产业节能减排产生的影响
2011	工业和信息化部公告了18个工业行业淘汰落后产能的企业名单，要求这些企业的落后产能必须在2011年9月底前关闭	涉及201家印染企业和25家化纤企业
	绿色和平组织2011年以来连续发布的三份《时尚之毒》系列报告	激起了各方对产品生态安全与供应链污染控制的热烈讨论
2012	环境保护部公布《"十二五"主要污染物总量减排目标责任书》	要求2013年完成的重点减排项目名单，其中398个工业废水治理项目中有105个项目事关纺织服装企业
	环境保护部、国家质量监督检验检疫总局联合发布了《纺织染整工业水污染物排放标准》《缫丝工业水污染物排放标准》《毛纺工业水污染物排放标准》和《麻纺工业水污染物排放标准》	新标准确定了缫丝、毛纺、麻纺以及纺织染整工业企业生产过程中水污染物排放限值、监测和监控要求。这些新标准中的排放标准在某些方面已经高于发达国家水平
	《建设纺织强国纲要（2011—2020年）》	到"十二五"末，行业实现单位工业增加值能源消耗比2010年降低20%，单位工业增加值用水量比2010年降低30%，主要污染物排放下降10%。"十三五"期间初步建立纺织纤维循环再利用体系，再利用纺织纤维额总量约达1200万吨
2013	工业和信息化部《关于下达2013年19个工业行业淘汰落后产能目标任务的通知》	包括了145家印染企业和8家化纤企业，共需淘汰印染产能25亿余米和化纤产能15万余吨
	环境保护部公布《印染企业环境守法导则》	为纺织印染企业环境管理出台了导引，对印染企业开展环境管理和污染防治提供了具体指导
2014	最新《环境保护法》修订通过	新环保法严格了企业防治环境污染的责任，加大了对企业环保违法的惩治力度，确立了国家鼓励环境产业发展、支持企业主动采取环保措施的政策，并且建立了环境公益诉讼制度
	商务部、环境保护部、工信部联合发布《企业绿色采购指南（试行）》	指导企业实施绿色采购，构建企业间绿色供应链
	环保部会同国家发改委、人民银行、银监会联合发布了《企业环境信用评价办法（试行）》	指导各地开展企业环境信用评价，督促企业履行环保法定义务和社会责任，完善的环境信息记录与披露机制是前提条件

时间	重要事件	对纺织服装产业节能减排产生的影响
2015	中共中央政治局审议通过《生态文明体制改革总体方案》	坚持节约资源和保护环境基本国策
	《水污染防治行动计划》《大气污染防治法》等相继出台	加强专项环境管理
2016	《绿色制造 2016 专项行动实施方案》出台	与绿色制造政策相呼应的绿色消费、绿色金融以及标准与认证的公共政策体系逐渐完善，为企业承担绿色责任提供了政策支持资源与发展环境
	十部委联合印发《关于促进绿色消费的指导意见的通知》	在 2020 年前推动大幅提高绿色产品市场占有率
	国务院办公厅发布《关于建立统一的绿色产品标准、认证、标志体系的意见》	提升绿色产品质量，引领绿色消费指明具体路径
2018	全国碳排放交易体系正式启动，排污许可制度开始全国推广	系列环保新规对中国纺织服装行业影响深刻

资料来源：根据中国纺织服装行业社会责任年报整理。

　　从以上信息可以看出纺织服装产业的发展受到了来自国内和国际的环境保护压力，节能减排成为了行业工作的重中之重。特别是从出台的相关法律法规来看，前期主要是对印染、纺织企业的规范，而后期主要是涉及绿色消费、绿色供应链的管理，而这一部分主要影响的是服装企业。在此宏观背景下，服装企业做好节能减排、供应链管理、信息披露既是法律法规的要求，也是社会环境责任使然。

第二节　服装企业碳排放现状分析

　　一件服装的全生命周期从原料种植到纺纱，再到织布制成成衣，最终到废弃经历了以下的各个环节，如图9-1所示。而在这些环节中必然涉及能源、燃料及水的消耗，同时也会产生大量的废气、废水和废弃物。

图9-1　服装全生命周期

在服装整个的生命周期中涉及服装企业的主要在成衣的缝制和服装的运输销售两个环节，本章对这两个环节的碳排放进行分析。

一、成衣制造环节的碳排放分析

为明确成衣制造环节的碳排放，本章采用流程法进行分析。如图9-2所示，成衣制造主要包括设计、裁剪、绣花、缝制、整烫、检验和后处理这几个环节。

图9-2　成衣制造环节碳排放分析

在设计过程中，设计师依据客户需求和流行趋势进行服装样式的设计，在这个环节中主要会产生电力、水、物料及人工投入的消耗，因此碳排放主要来自能源消耗、废水及废弃物。

裁剪过程是根据设计图，按照一定的形状和位置将面料裁剪成各种裁片的过程。在这个过程中裁剪机器的运作需要投入水、电，会产生需废弃的物料，因此碳排放来自能源消耗和废弃物。

绣花过程主要是将设计好的花样绣到裁剪好的面料上，这个过程中主要的消耗是绣花机器开动所需要的电力。因此，碳排放来自能源消耗。

缝制过程主要是通过工人运用缝纫机完成裁片之间的缝制，在这个环节会产生人工投入、机器运转的电力、水的消耗，因此碳排放来自能源消耗。

整烫工序主要是运用电熨斗、挂烫机进行衣物平整的工序，这个工序中主要是消耗水、电，也会产生一定的废气。因此，碳排放主要来自能源消耗和废气排放。

检验过程主要是通过人工检验在服装出厂前做一次综合性检验。在此过程中主要是投入人工，有一部分是靠机器检验，依靠机器检验的需要耗费电、水。因此，碳排放的来源主要是能源消耗、水消耗。

后处理是整个生产环节的最后一步，要求将整烫好的衣服折叠好放入包装袋内并装箱。这个过程中主要的碳排放来自人工和机器投入的能源消耗及物料所产生的废弃物。

二、运输销售环节的碳排放分析

如图9-3所示，服装运输销售环节主要包括打包出厂、运输、仓储及店面销售环节。

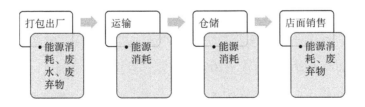

图9-3　服装运输销售环节碳排放分析

打包出厂主要是指服装进行打包装车的过程，在这个过程中需要投入人工、厂内运输设备的能源消耗，会产生一定的废弃物。因此其碳排放主要来自能源消耗、废水及废弃物。

运输主要是指服装出厂后运送到指定仓储仓库的过程。在运输过程中，主要碳排放就是航空、水运、公路运输等各种运输方式所产生的能源消耗。

仓储过程中需要耗费电力、水以及人工投入，主要的碳排放来自能源消耗。

店面销售主要是投入电力照明、包装物，因此产生的碳排放主要来自能源消耗和废弃物。

三、服装行业节能减排的主要行动及成果

2005 年，中国纺织工业协会推出了中国第一个社会责任管理体系CSC9000T，中国的企业社会责任建设自此进入了自主、自律和自愿的新阶段。但是在 2005 年版的 CSC9000T 中并没有包含环境内容，自 2007 年起的中国纺织服装行业社会责任年度报告开始披露相关节能减排的信息。

2007 年，中国与国外的第一个社会责任体系合作协议《CSC9000T 与BSCI 合作备忘录》签署；2008 年，中国第一个企业社会责任报告指南体系（CSR-GATEs）发布。2008 年 CSC9000T（2008）发布，增加了环境保护的内容。目前 CSC9000T（2018）已经发布，明确了企业可持续发展的社会责任，对企业环境保护责任进行了进一步的明确。2009 年，中国纺织服装行业的十家企业首次集体发布全部经过独立验证的第一份社会责任报告。2010 年 7 月，中国纺织工业协会在北京启动了"落实责任，你我同行"中国纺织服装行业节能减排绩效评价活动，面向行业发出了《中国纺织服装行业节能减排绩效评价活动倡议书》。2011 年中国纺织工业联合会

专门成立了"环境保护与资源节约促进委员会"来推进行业的低碳、绿色发展。

2015 年中国纺织工业联合会制定了《纺织服装业绿色制造水平评价指标体系》，推动行业企业提升绿色制造水平，促进行业健康发展。2017 年中国纺织工业联合会、东方国际（集团）有限公司、京东公益共同主办了"2017 可持续时尚周"，旨在推动和宣传可持续生产和可持续消费。

2018 年中国纺织服装行业社会责任年会上发布了纺织行业碳管理创新2020 行动，推动行业节能减排、转型升级。同年 12 月，中国纺织工业联合会与 31 个全球品牌、纺织企业，以及 10 家行业机构共同发起签署《联合国气候变化框架公约》（UNFCCC）《时尚产业气候行动宪章》，旨在携手全球纺织产业链，共同倡导绿色、低碳、循环、可持续的发展方式，构建新型世界纺织产业命运共同体。

2019 年由中国纺织工业联合会社会责任办公室提出，国家纺织产品开发中心申请发起，在中国绿色碳汇基金会设立时尚气候创新专项基金，由晨风集团、兰精集团、新天元色纺、美欣达集团、劲霸男装、赛得利集团共同申请成为创始捐赠企业，共同推动时尚产业绿色转型、低碳发展。通过绿色公益、绿色金融、绿色赋能等形式支持"时尚产业气候创新 2030行动"。中国纺织工业联合会社会责任办公室继续推进"时尚产业气候创新 2030 行动"，如图 9-4 所示，围绕中国 2060 碳中和目标与联合国《时尚产业气候行动宪章》中国路线图开展工作。

通过行业协会及企业的努力，"十三五"规划期间，中国纺织服装行业绿色低碳发展取得了卓越的成绩，显著提高了能源的利用效率，污染减排卓有成效，废水排放量、主要污染物排放量累计下降幅度均超过 10%，万元产值综合能耗下降 25.5%，万元产值取水量下降 11.9%，并且培训了一批绿色产品、绿色工厂、绿色供应链企业绿色设计示范企业。

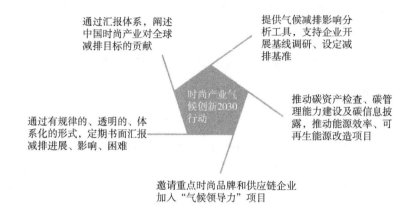

图 9-4　时尚产业气候创新 2030 行动

资料来源：《中国纺织服装行业社会责任年度报告 2020—2021》。

第三节　服装企业碳排放核算

一、碳排放核算方法

碳排放核算是有效开展各项碳减排工作、促进经济绿色转型的基本前提，是积极参与应对气候变化国际谈判的重要支撑。碳核算可以直接量化碳排放数据，还可以通过分析各环节碳排放数据找出潜在的减排环节和方式，这对碳中和目标的实现、碳交易市场的运行至关重要。目前，碳排放量的核算主要有三种方式：排放因子法、质量平衡法、实测法。

1. 排放因子法（基于计算）

排放因子法是适用范围最广、应用最普遍的一种碳核算方法。大部分企业是根据联合国政府间气候变化专门委员会（IPCC）提供的碳核算基本方程来核算。

$$温室气体排放 = 活动数据（AD）\times 排放因子（EF）$$

其中，AD 是导致温室气体排放的生产或消费活动的活动量，如每种化石燃料的消耗量、石灰石原料的消耗量、净购入的电量、净购入的蒸汽量等；EF 是与活动水平数据对应的系数，包括单位热值含碳量或元素碳含量、氧化率等，表征单位生产或消费活动量的温室气体排放系数。EF 既可以直接采用 IPCC、美国环境保护署、欧洲环境机构等提供的已知数据（即缺省值），也可以基于代表性的测量数据来推算。我国已经基于本国实际情况设置了相应参数，《工业其他行业企业温室气体排放核算方法与报告指南（试行）》提供了常见化石燃料特性参数缺省值数据。

2. 质量平衡法（基于计算）

核算企业可以根据每年用于国家生产生活的新化学物质和设备，计算为满足新设备能力或替换去除气体而消耗的新化学物质份额。对于二氧化碳而言，在碳质量平衡法下，碳排放由输入碳含量减去非二氧化碳的碳输出量得到：

$$二氧化碳（CO_2）排放 = （原料投入量 \times 原料含碳量 - 产品产出量 \times 产品含碳量 - 废物输出量 \times 废物含碳量）\times 44/12$$

其中，"44/12" 是碳转换成 CO_2 的转换系数（即 CO_2/C 的相对原子质量）。

采用基于具体设施和工艺流程的碳质量平衡法计算排放量，可以反映碳排放发生地的实际排放量，不仅能够区分各类设施之间的差异，还可以分辨单个和部分设备之间的区别。尤其当年际间设备不断更新的情况下，该方法更为简便。一般来说，对企业碳排放的主要核算方法为排放因子法，但在工业生产过程（如脱硫过程排放、化工生产企业过程排放等非化石燃料燃烧过程）中可视情况选择碳平衡法。

3.实测法（基于测量）

实测法基于排放源实测基础数据，汇总得到相关碳排放量。这里又包括两种实测方法，即现场测量和非现场测量。

现场测量一般是在烟气排放连续监测系统中搭载碳排放监测模块，通过连续监测浓度和流速直接测量其排放量；非现场测量是通过采集样品送到有关监测部门，利用专门的检测设备和技术进行定量分析。二者相比，由于非现场实测时采样气体会发生吸附反应、解离等问题，现场测量的准确性要明显高于非现场测量。

二、碳排放核算边界

核算主体应以企业法人或视同法人的独立核算单位为边界，核算和报告其生产系统产生的温室气体排放。生产系统包括主要生产系统、辅助生产系统及直接为生产服务的附属生产系统，其中辅助生产系统包括动力、供电、供水、检验、机修、库房、运输等，附属生产系统包括生产指挥系统(厂部)和厂区内为生产服务的部门和单位。

核算主体还从事服装生产以外的产品生产活动，并存在本部分未涵盖的温室气体排放环节，则应遵循其他相关行业的企业温室气体排放核算和报告要求进行核算并汇总报告。

服装企业温室气体排放核算边界示意图如图9-5所示。

其中，燃料燃烧排放是纺织服装企业生产过程中使用化石燃料燃烧产生的二氧化碳排放。废水是纺织服装企业产生的工业废水在厌氧处理过程中产生的甲烷排放。废气是服装企业购入的电力、热力所对应的二氧化碳排放。本书主要以燃料燃烧排放的核算为例来说明服装企业碳排放的核算。

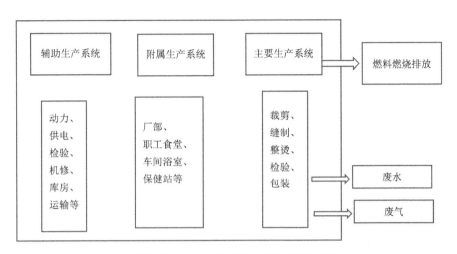

图 9-5 服装企业温室气体排放核算边界示意图

三、核算步骤与核算方法

1. 核算步骤

核算主体进行企业温室气体排放核算与报告的完整工作流程包括以下步骤：

①确定核算边界。

②识别排放源。

③收集活动数据。

④选择和获取排放因子数据。

⑤分别计算燃料燃烧排放量、过程排放量、废水处理排放量、购入和输出的电力及热力所对应的排放量。

⑥汇总计算企业温室气体排放量。

2. 核算方法

纺织服装企业温室气体排放总量等于核算边界内所有的燃料燃烧排放量、过程排放量、废水处理排放量、购入电力及热力产生的排放量之和，扣除输出的电力及热力产生的排放量，即按以下公式计算：

$$E = E_{燃烧} + E_{过程} + E_{废水} + E_{购入电} + E_{购入热} - E_{输出电} - E_{输出热}$$

式中：E——核算主体温室气体排放总量，单位为吨二氧化碳当量（tCO_2e）；

$E_{燃烧}$——核算主体燃料燃烧二氧化碳排放量，单位为吨二氧化碳（tCO_2）；

$E_{过程}$——核算主体过程二氧化碳排放量，单位为吨二氧化碳（tCO_2）；

$E_{废水}$——核算主体废水处理温室气体排放量，单位为吨二氧化碳当量（tCO_2e）；

$E_{购入电}$——核算主体购入的电力对应的二氧化碳排放量，单位为吨二氧化碳（tCO_2）；

$E_{购入热}$——核算主体购入的热力对应的二氧化碳排放量，单位为吨二氧化碳（tCO_2）；

$E_{输出电}$——核算主体输出的电力对应的二氧化碳排放量，单位为吨二氧化碳（tCO_2）；

$E_{输出热}$——核算主体输出的热力对应的二氧化碳排放量，单位为吨二氧化碳（tCO_2）。

以服装企业生产过程中化石燃料燃烧产生的二氧化碳排放量的核算为例，服装企业各种化石燃料燃烧产生的二氧化碳排放量的总和，按下式计算：

$$E_{燃烧} = \sum_{i=1}^{n}(AD_i \times EF_i)$$

$E_{燃烧}$——核算期内消耗的化石燃料燃烧产生的二氧化碳排放，单位为吨二氧化碳（tCO_2）；

AD_i——核算期内消耗的第 i 种燃料的活动数据，单位为吉焦（GJ）；

EF_i——第 i 种燃料的二氧化碳排放因子，单位为吨二氧化碳每吉焦（tCO_2/GJ）；

i——化石燃料类型代号。

（1）活动数据获取

核算期内燃料燃烧的活动数据是各种燃料的消耗量与平均低位发热量的乘积，按下式计算：

$$AD_i = NCV_i \times FC_i$$

式中：AD_i——核算期内消耗的第 i 种化石燃料的活动数据，单位为吉焦（GJ）；

NCV_i——核算期内第 i 种化石燃料的平均低位发热量。对固体或液体燃料，单位为吉焦每吨（GJ/t）；对气体燃料，单位为吉焦每万标立方米（$GJ/10^4 N \cdot m^3$）；

低位发热量可以按照相关规定委托有资质单位实测，也可参考表9-2的推荐值。

FC_i——核算期内第 i 种化石燃料的净消耗量。对固体或液体燃料，单位为吨（t）；对气体燃料，单位为万标立方米（$10^4 N \cdot m^3$）。

服装企业化石燃料的消耗量，应根据企业能源消费台账或统计报表来确定。

（2）排放因子数据获取

燃料燃烧的二氧化碳排放因子按下式计算：

$$EF_i = CC_i \times OF_i \times 44/12$$

式中：EF_i——第 i 种燃料的二氧化碳排放因子，单位为吨二氧化碳每吉焦（tCO_2/GJ）；

CC_i——第 i 种燃料的单位热值含碳量，单位为吨碳每吉焦（tC/GJ），可参考表9-2；

OF_i——第 i 种燃料的碳氧化率，可参考表 9-2。

44/12——二氧化碳与碳的相对分子质量之比。

表 9-2　常用燃料相关参数的推荐值

燃料品种	计量单位	低位发热量 / （GJ/t，GJ/10⁴N·m³）	单位热值含碳量 / （tc/GJ）	燃料碳氧化率 / %
无烟煤	t	26.7 [c]	27.4×10^{-3} [b]	94 [b]
褐煤	t	11.9 [c]	28.0×10^{-3} [b]	96 [b]
洗精煤	t	26.344 [a]	25.41×10^{-3} [b]	90 [b]
其他洗煤	t	12.545 [a]	25.41×10^{-3} [b]	90 [b]
焦炭	t	28.435 [a]	29.5×10^{-3} [b]	93 [b]
原油	t	41.816 [a]	20.1×10^{-3} [b]	98 [b]
燃料油	t	41.816 [a]	21.1×10^{-3} [b]	98 [b]
汽油	t	43.070 [a]	18.9×10^{-3} [b]	98 [b]
柴油	t	42.652 [a]	20.2×10^{-3} [b]	98 [b]
液化天然气	t	44.2 [c]	17.2×10^{-3} [b]	98 [b]
天然气	10⁴N·m³	389.31 [a]	15.3×10^{-3} [b]	99 [b]

注：a 数据取值来源为《中国能源统计年鉴 2021》。

b 数据取值来源为《省级温室气体清单编制指南（试行）》。

c 数据取值来源为《2006 年 IPCC 国家温室气体清单指南》2019 修订版。

3. 报告内容和格式

核算主体的碳排放报告参照附录 A 的格式。

核算主体基本信息应包括报告主体名称、单位性质、报告年度、所属行业、统一社会信用代码、法定代表人、填报负责人和联系人信息等。

第四节　服装企业碳标签应用

一、碳标签的概念及内涵

碳标签是为了缓解气候变化，减少温室气体排放，推广低碳排放技术，把产品生命周期——从原料、制造、储运、废弃到回收的全过程的温室气体排放量（碳足迹）在产品标签上用量化的指数标示出来，以标签的形式告知消费者产品的碳信息。服装碳标签即碳标签在服装上的应用，在分析计算服装产品生命周期全过程碳足迹的基础上，将服装产品全生命周期的温室气体排放量在产品标签上表示出来。

按照碳标签的披露内容，现行的产品碳标签主要分为碳足迹标签、碳减排标签、碳中和标签三种：第一种碳足迹标签是公布产品整个生命周期的碳排放量，或者标示出产品全生命周期每一阶段的碳排放量，表明产品的碳足迹已经被测算和认证；第二种碳减排标签是不公布碳排放数据，仅表明产品在整个生命周期内碳排放量低于某个既定标准，意味着产品的碳足迹同比减少，体现了企业减少碳足迹的承诺；第三种碳中和标签是不公布碳排放数据，标示了产品碳足迹不仅持续减少，还将剩余排放根据PAS2060国际标准进行了完全抵消。

碳标签数据的计算主要是通过产品全生命周期中的碳排放进行核算实现的。按照建立产品的生产过程流程图、确定产品碳足迹计算的边界、收集碳排放数据对产品进行碳足迹计算、对计算结果进行检验的流程完成计算。其中，"碳足迹"主要是指人类在生产和消费活动中所排放的与气候变化相关的气体总量。一是指产品或服务在整个生命周期过程（从原料的获取，到生产、分销、使用和废弃后的处理）中释放的二氧化碳和其他温室气体的总量，又叫作产品碳足迹；二是仅指公司生产过程中导致的温室气体的排放，又称为公司或组织碳足迹。"碳标签"所标示的就是产品的碳足迹。

碳标签上标示的内容通常主要包括：

①图案形象，以足迹、绿叶或者产品作为图案，通常配以 CO_2 的字样，主要是凸显其绿色环保的形象。

②碳足迹数值，即该产品每功能单位全生命周期的碳排放量。

③发布组织，如英国碳标签是由 Carbon Trust 组织发布的。

除此之外，部分碳标签还标识碳标签上数据的简单解释和说明以及对消费者碳减排的引导。

碳标签的应用对于企业及社会的意义都非常重大。碳标签的应用有利于引导消费者选购低碳环保的产品，从而推动整个社会消费的绿色化转型。对政府来说，碳标签将为政策制定与相关举措的出台提供科学的参考。对企业来说，消费者选择低碳产品也倒逼企业提升技术进行绿色升级改造，践行企业社会责任。同时，企业也可经由碳足迹追踪实现碳排放来源的透明化，了解生产过程中碳排放较多环节，提出改善措施。碳标签的应用还能够帮助企业更好地应对国际贸易中的碳标签壁垒。

二、世界及我国碳标签发展

随着全球气候变暖，世界各国愈发关注环境问题。在此背景下世界主要发达国家和地区纷纷出台碳标签制度来引导企业和消费者关注产品碳足迹、关注环境问题。到目前为止，已有 14 个国家与地区推出或即将推出

碳标签制度（共计 19 种）。❶

英国是全球最早推出碳标签制度的国家。英国政府为应对气候变化专门资助成立了 Carbon Trust 公司。Carbon Trust 公司于 2006 年推出了碳减量标签（Carbon Reduction Label）制度，鼓励英国企业使用碳标签，行业协会也在会员企业中积极宣传与推广。2007 年 3 月，英国试行推出全球第一批标示碳标签的产品，如图 9-6 所示。作为一家专业低碳咨询机构，Carbon Trust 公司参与编定了全球第一个产品碳足迹标准 PAS2050，并推出了全球首个碳标签体系。Carbon Trust 公司提供的碳标签已运用在全球 40 多个国家的 2.7 万种产品中。继英国之后，德国、法国、瑞士、日本、韩国等国家都推出了碳标签。

图 9-6　英国碳标签

图片来源：郭燕，陈丽华，郝淑丽，等 . 服装全生命周期碳足迹 [M]. 北京：人民出版社，2013.

碳标签在我国的发展可以追溯到 2009 年环保部宣布实施的产品碳足迹计划，但是我国首个"碳足迹标签"试点计划是电器电子行业在 2018 年实施的。2018 年团体标准《中国电器电子产品碳标签评价规范》《LED 道路照明产品碳标签》的出台开启了我国的碳标签发展。2019 年，中国电

---

❶ 郭燕、陈丽华、郝淑丽：《服装全生命周期碳足迹》，人民出版社，2013。

子节能技术协会、中国低碳经济发展促进会、工业和信息化部中小企业发展促进中心和包括联想集团、远大科技集团、英利集团等在内的众多能源环境企业共同发起的"中国碳标签产业创新联盟"宣布成立，加快了我国碳标签的发展。2021年9月，中国电子节能技术协会发布《行业统一推行的产品碳标签自愿性评价实施规则（暂行）》。2022年1月，《企业碳标签评价通则》发布，其是国内第一个以企业性质为主导的碳标签评价团体标准，从低碳管理制度建设、设备及节能以及低碳技术应用及创新等方面有着清晰明确的评估原则。2022年，碳中和领域国际专业机构英国的 Carbon Trust 公司与中标合信（北京）认证有限公司合作在中国市场开启认证与碳标签业务。未来在中国市场将推出碳足迹、减碳、低碳和碳中和标签以及另外两种包装标签。企业在开展碳测算、减排路径规划等一系列减排措施后，只要符合相关标准，就可获得由 Carbon Trust 和中标合信颁发的认证证书及对应 Carbon Trust 的碳标签。

三、我国服装企业碳标签现状及展望

由于纺织服装产品碳足迹核查存在一定的现实困难，因此碳标签在服装领域的应用相较于其他领域产品并不广泛。在纺织服装行业，最早给服装贴上碳标签的是英国。随着"双碳"目标的提出及在各行各业的持续推进，有关碳标签的讨论越来越多，对碳标签的应用也日益广泛和深入，我国服装企业已陆续开始推进碳标签工作。

1. 我国服装企业碳标签的践行

2018年，中国纺织工业联合会正式签署《联合国气候变化框架公约》（UNFCCC）、《时尚产业气候行动宪章》，并于2019年发起"气候创新2030"行动。在中国纺织工业联合会的推动下，中国企业首次就气候变化议题做出了公开承诺——晨风集团、劲霸男装分别成为中国企业签署 UNFCCC

《时尚产业气候行动宪章》的第一家中国企业和第一家中国品牌。

2021年，劲霸男装在行业率先发布首套"碳足迹"商务休闲男装——劲霸男装"碳"索套装及劲霸男装产品碳标签，如图9-7所示，该套装由中国首件碳足迹茄克、碳足迹慢跑裤、碳足迹印花棉T恤构成。消费者通过扫描服装吊牌上带有二维码的碳标签，即可追踪并查阅该产品的碳足迹，从原料的开采、加工到产品的制造生命周期碳足迹一目了然。

图9-7 劲霸男装碳标签

图片来源：劲霸男装官网 http://www.k-boxing.com/。

2. 政府及协会推动碳标签发展

2022年，中国纺织工业联合会标准化技术委员会印发《关于下达〈纺织品服装碳标签技术规范〉等4项团体标准计划项目的通知》，批准4项团体标准计划项目立项。4项标准计划项目中，《纺织品服装碳标签技术规范》《零碳纺织产品评价技术规范》《纺织企业零碳工厂评价技术规范》3项是关于纺织服装产品碳标签、零碳产品和零碳工厂评价标准，将为纺织行业碳标签、零碳产品与零碳工作评价提供技术依据。《纺织企业ESG披露指南》将为纺织服装企业环境、社会、企业治理（ESG）评价及信息披露提供指导。未来出台的这些标准将为我国服装企业碳标签的使用提供相应的技术依据，将大大推动我国服装碳标签的应用。

在实践中，各地政府也积极推进碳标签的使用，例如，深圳就拟对服装加贴碳标签，南京自贸区推出出口纺织品碳中和标识服务模式来应对碳关税贸易壁垒。在南京自贸区，通过搭建"碳擎—企业数字化碳管理平台"来帮助出口纺织品加贴"碳中和"标志。自贸区通过搭建碳核算服务平台，收集碳足迹过程数据，将数据汇总至国家权威的温室气体核算标准库，核算产品全生命周期的碳排放量，为纺织服装企业提供"碳中和"服务，在全国推出了第一批数字化认证的碳中和纺织服装并在海外的亚马逊网站上架。消费者可以通过"碳中和"标识的独立二维码扫码查看产品全生命周期各环节的碳排放数据及实现产品碳中和的途径。同时，通过对碳排放的核算了解企业及产品的碳排放水平，指导企业低碳生产，实现节能减排。

3. 服装企业碳标签未来展望

首先，随着实现"双碳"目标行动的推进，碳标签将越来越广泛地应用在服装上，这一点是毋庸置疑的。碳标签的使用将有效地降低能耗、减少温室气体排放。服装碳标签未来也将变得越来越精确，它将为消费者提供准确的碳排放数据，使消费者能够更好地了解服装对环境的压力大小，指导消费者如何以更环保的方式使用服装，比如消费者可以选择可回收、可重复使用的服装材料等方式来减少服装产品的碳排放量。同时，服装企业基于碳标签进行的碳足迹核算，深入了解企业碳排放的现状及哪个环节排放较多，积极进行节能减排，积极进行碳中和，为环境的可持续发展作出贡献，履行企业社会责任。

其次，随着未来相关服装碳标签的行业标准的出台，以及和国外权威机构的合作，服装碳标签将更加规范。有了相关的技术依据和行业经验，服装企业碳标签的发展将更加迅速。碳标签将成为全球服装行业的一个重要工具，为促进可持续发展、节约能源、减少污染作出贡献。同时，也将成为我们应对发达国家碳关税壁垒的重要工具。

最后，全面实现碳标签仍然任重道远。虽然我国服装企业开始践行环境保护的责任，但是需要看到的是现有的碳标签主要集中在大的服装企业，而中小企业却少有落实，一些准备使用碳标签体系的企业也遇到一定困难，比如资金不足，无法实现碳减排要求等。未来还需要政府、行业协会及企业共同协作共同实现服装碳标签的应用。

参考文献

....

[1]侯春婷.从垃圾分类的实施，看纺织品回收再利用标准[J].中国纤检，2020（1）：88-89.

[2]张翰昱，刘一凯，潘志娟.废旧纺织服装循环再利用的现状与分析[J].现代丝绸科学与技术，2020（35）：28-31.

[3]左言文，崔琳琳.废旧纺织品的高值化利用探讨[J].国际纺织导报，2018（46）：58-60.

[4]陈艳华，赵萍.我国废旧纺织品的回收再利用现状研究[J].轻工科技，2019（35）：92-93.

[5]袁坚.废旧纺织品综合利用方法及政策研究[J].山东纺织科技，2020（61）：8-10.

[6]林世东，甘胜华，李红彬，等.我国废旧纺织品回收模式及高值化利用方向[J].纺织导报，2017（2）：25-26.

[7]陈加敏，孟家光，薛涛.废旧纺织品的回收再利用[J].纺织科技进展，2016（9）：10-13.

[8]赵丽丹.纺织业环境污染问题及解决措施[J].山东纺织科技，2009（50）：31-32.

[9]王远进.纺织业污染及清洁生产研究[J].轻纺工业与技术，2019（48）：44-45.

[10]徐勇.中国纺织业出口对环境影响之实证分析［D］.广州：暨南大学，2008.

[11]薛莲丽，王瑞环，李玉欣，等.废弃纺织品的二次开发设计与应用[J].轻工科技，2019（35）：107-108，112.

[12]张丽萍，闻璐阳，徐子桐，等.废弃纺织品的生命循环模型[J].轻纺工业与技术，2019（48）：82-84.

[13]王明慧.考虑消费者效用的服装纺织品闭环供应链协同研究［D］.郑州：河南工业大学，2020.

[14]桩子.垃圾分类进入"强制时代"纺织业循环经济发展未来可期[J].中国纤检，2019（9）：24-27.

[15]黄文芳，郑少艳.两网融合下废旧纺织品高值化回收利用体系构建[J].科学发展，2020（4）：89-96.

[16]姚秋蕙，童昕，韩梦瑶，等.全球纺织服装循环经济产业链研究[J].生态经济，2018（34）：88-93.

[17]中华人民共和国商务部流通业发展司.中国再生资源回收行业发展报告（2019）[R].北京：中华人民共和国商务部流通业发展司，2019．http://ltfzs.mofcom.gov.cn.

[18]中国纺织工业联合会社会责任办公室.循环时尚：中国新纺织经济展望报告[R].中国纺织工业联合会社会责任办公室，2020．http://www.csc9000.org.cn.

[19]中华人民共和国商务部流通业发展司.再生资源新型回收模式案例集（2015）[R].北京：中华人民共和国商务部流通业发展司，2019．http://ltfzs.mofcom.gov.cn.

[20]全国人民代表大会.循环经济促进法，http://www.npc.gov.cn.

[21]中华人民共和国住房和城乡建设部.生活垃圾处理技术指南， http://www.mohurd.gov.cn.

[22]商务部.再生资源回收体系建设中长期规划（2015—2020），http://ltfzl.mofcom.gov.cn.

[23]H&M集团官网.可持续发展报告（2018），https://hmgroup.com.

[24]FLETCHER K，GROSE L.可持续性时装设计[M]. 陶辉，译.上海：东华大学出版社，2019.

[25]万殊姝，沈兰萍，郭晶. 可持续发展绿色纤维发展现状与应用前景[J]. 针织工业，2021（1）:30-33.

[26]付少举，张佩华. 智能绿色纺织新型原料的开发现状及趋势[J]. 针织工业，2020（7）:10-15.

[27]刘新.可持续设计的观念、发展与实践[J].创意与设计，2010（7）:36-39.

[28]李松周.基于"升级利用"废旧服装再设计发展现状及趋势研究[D]. 上海：东华大学，2016.

[29]黄智威.可持续时装设计发展现状与展望[J].丝绸，2019，56（10）:50-55.

[30]王小雷，王洋. 服装设计中的可持续设计策略研究[J]. 纺织导报，2018（8）:80-83.

[31]刘鑫，张春明. 可持续理念在当代服装设计中的运用[J]. 武汉纺织大学学报，2020，33（6）:33-37.

[32]之禾官方网站，www.icicle.com.cn.

[33]梁佩琦.快时尚品牌的可持续生产——以H&M为例[J].营销界，2019（34）:169-170.

[34]TESTEX特思达（北京）纺织检定有限公司.创造可持续生产环境，制造可追溯绿色产品，升级品牌价值——TESTEX（杭州）培训分享会举办[J].纺织导报，2017（7）:11.

[35]夏传勇，张曙光.论可持续生产[J].中国发展，2010，10（3）:6-10.

[36]GREENFIELD D.进行可持续生产的纺织品制造商[J].软件，2010（Z1）:50-51，5.

[37]王鑫，安海蓉.企业可持续生产指标体系评估[J].环境经济，2004

（4）:46-48.

[38]王玉.基于可持续发展的可持续生产初探[J].工业工程与管理，1999（5）:8-10.

[39]联合国环境署.可持续生产与消费[J].产业与环境（中文版），1997（3）:4-5.

[40]WALLER-HUNTER J.可持续生产：公司的挑战[J].产业与环境（中文版），1996（4）:21-24.

[41]曹凤中.可持续消费与可持续生产是实施可持续发展的战略基础[J].环境科学动态，1995（4）:5-8.

[42]段钊，何雅娟，钟原.企业社会责任信息披露是否客观——基于文本挖掘的我国上市公司实证研究[J].南开管理评论，2017，20（4）:62-72.

[43]吴丹红.我国企业社会责任信息披露发展历程研究[J].财会通讯，2010（26）:29-32.

[44]中国证券投资基金业协会、国务院发展研究中心金融研究所. 2019中国上市公司ESG评价体系研究报告[M]. 北京：中国财政经济出版社，2020：3.

[45]郭沛源. 港交所将于明年7月实施第三版《ESG报告指引》.新浪财经2019-12-19[2021-03-06]https://baijiahao.baidu.com/s?id=16533403670425
30996&wfr=spider&for=pc.

[46]孙学军.绿色物流理论与实践[M]. 北京：科学技术文献出版社，2020.

[47]郭燕，陈丽华，郝淑丽，等.服装全生命周期碳足迹[M]. 北京：人民出版社，2013.

[48]姚驰，丁一，赵晨.中国ECR委员会践行绿色可持续发展——绿色物流浅谈[J].条码与信息系统，2020（5）:26-30.

[49]俞敏.浅谈纺织企业绿色供应链管理的建设[J].能源与环境，2020（2）:30-31.

[50]胡晶艳.2019年服装物流市场发展回顾与2020年展望[C]. 贺登才.中国物流发展报告，北京：中国财富出版社有限公司：353-356.

[51]施伟.2018年服装物流发展回顾与2019年展望[C]. 贺登才.中国物流发展报告，北京：中国财富出版社：378-380.

[52]京东物流官网https://www.jdl.cn/.

[53]上海春风物流股份有限公司官网https://www.spring56.com/index.php.

[54]聂树军.ZARA、安踏、春风、品骏等服装物流模式分析.http://www.linkshop.com.cn/web/archives/2018/408572.shtml.

[55]联合国环境规划署.wesr.unep.org.

[56]中国纺织工业联合会社会责任办公室.new.csc9000.org.cn.

[57]中国纺织服装行业社会责任年度报告2006-2021. new.csc9000.org.cn.

[58]俞璐.服装生产环节碳排放模型研究与优化分析[D].苏州：苏州大学，2015.

[59]GB/T 32151.12 温室气体排放核算与报告要求第12部分：纺织服装企业.

[60]国家发展和改革委员会办公厅.省级温室气体清单编制指南（试行）[S].2011.

[61]国家统计局能源统计司.中国能源统计年鉴2021[M].北京：中国统计出版社，2022：353.

[62]政府间气候变化专门委员会（IPCC）.IPCC 2006年国家温室气体清单指南[S].2006.

[63]劲霸男装官网http://www.k-boxing.com/.

[64]碳交易网http://www.tanjiaoyi.com/.

附录　碳排放报告格式模板

服装企业碳排放报告

报告主体（盖章）：

报告年度

编制日期：　　　年　　月　　日

本报告主体核算了 年度二氧化碳排放量，并填写了附表1至附表3的表格。现将有关情况报告如下：

一、企业基本情况

二、二氧化碳排放汇总情况

三、活动水平数据及来源说明

四、排放因子数据及来源说明

本企业承诺对本报告的真实性负责。

法人（签字）：

年 月 日

附表1 报告主体年温室气体排放量汇总表

排放源类别	总计
燃料燃烧排放量 /tCO_2	
过程排放量 /tCO_2	
废水处理排放量 /tCO_2e	
购入电力产生的排放量 /tCO_2	
购入热力产生的排放量 /tCO_2	
输出电力产生的排放量 /tCO_2	
输出热力产生的排放量 /tCO_2	
企业温室气体排放总量 /tCO_2	

附表2 报告主体活动数据一览表

排放源类别	燃料品种	计量单位	消耗量 / （t 或 10^4N·m³）	低位发热量 / （GJ/t 或 GJ/10^4N·m³）
燃料燃烧	无烟煤	t		
	烟煤	t		
	褐煤	t		
	洗精煤	t		

排放源类别	燃料品种	计量单位	消耗量 / （t 或 10^4N·m³）	低位发热量 / （GJ/t 或 GJ/10^4N·m³）
燃料燃烧	其他洗煤	t		
	其他煤制品	t		
	焦炭	t		
	原油	t		
	燃料油	t		
	汽油	t		
	柴油	t		
	液化天然气	t		
	天然气	10^4N·m³		
	煤气	10^4N·m³		
排放源类别	参数名称	数据	单位	
生产过程	Na_2CO_3 的消耗量		t	
	Na_2CO_3 的纯度		%	
	$NaHCO_3$ 的消耗量		t	
	$NaHCO_3$ 的纯度		%	
废水处理	废水量		m³	
	厌氧池 CODin 浓度		kg COD/m³	
	厌氧池 CODout 浓度		kg COD/m³	
电力、热力	购入电力量		MW·h	
	购入热力量		GJ	
	输出电力量		MW·h	
	输出热力量		GJ	

附表 3　排放因子相关数据一览表

排放源类别	燃料品种	单位热值含碳量 /（tC/GJ）	碳氧化率 /%
燃料燃烧	焦油		
	焦炉煤气		
	高炉煤气		
	转炉煤气		
	其他煤气		

排放源类别	燃料品种	单位热值含碳量 /（tC/GJ）	碳氧化率 /%
燃料燃烧	天然气		
	炼厂干气		
过程排放	参数名称	数据	单位
	碳酸钠		tCO_2/t
	碳酸氢钠		tCO_2/t
废水处理	参数名称	数据	单位
	废水厌氧处理系统甲烷生产潜力		$kg\,CH_4/kg\,COD$
	甲烷修正因子		
电力、热力	参数名称	数据	单位
	购入电力量		$tCO_2/MW \cdot h$
	购入热力量		tCO_2/GJ
	输出电力量		$tCO_2/MW \cdot h$
	输出热力量		tCO_2/GJ